HUNDIED THOUSAND WHYS

孩子最爱问的

十万个为什么·自然

植物花卉

（第2版）

谢茜茜　编著

黄河水利出版社

·郑州·

图书在版编目(CIP)数据

植物花卉/谢茜茜编著.—2版.—郑州:黄河水利出版社,2019.1
(孩子最爱问的十万个为什么.自然)
ISBN 978-7-5509-2277-8

Ⅰ.①植… Ⅱ.①谢… Ⅲ.①植物—青少年读物②花卉-青少年读物 Ⅳ.①Q94-49

中国版本图书馆CIP数据核字(2019)第031464号

出版发行:黄河水利出版社
社　　址:河南省郑州市顺河路黄委会综合楼14层
电　　话:0371-66026940　　邮政编码:450003
网　　址:http://www.yrcp.com

印　　刷:河南瑞光印务股份有限公司
开　　本:787mm×1092mm　1/16
印　　张:9.5
字　　数:156千字
版　　次:2019年1月第2版
定　　价:20.00元

前　言

距今25亿年前，地球史上最早出现的植物属于菌类和藻类，其后藻类一度非常繁盛。直到4.38亿年前，绿藻摆脱了水域环境的束缚，首次登陆大地，进化为蕨类植物，为大地首次添上绿装。3.6亿年前，蕨类植物绝种，代之而起的是石松类、楔叶类、真蕨类和种子蕨类，形成沼泽森林。古生代盛产的主要植物于2.48亿年前几乎全部灭绝，而裸子植物开始兴起，进化出花粉管，并完全摆脱对水的依赖，形成茂密的森林。1.45亿年前被子植物开始出现，于晚期迅速发展，代替了裸子植物，形成延续至今的被子植物时代。现代类型的松、柏，甚至像水杉、红杉等，都是在这时期产生的。

植物大家庭成员异常丰富。自渺无人烟的荒漠到碧波荡漾的大海，从冰天雪地的两极到炽热无比的火山口，处处都有植物在繁衍生息。现知的全世界140万种生物中高等植物约有30万种；中国的高等植物超过3万种，是世界上植物种类最多的国家之一。

在多姿多彩的植物中，有的根深叶茂，直插云霄；有的身微体小，其貌不扬；有的生命很短暂，有的却长命万年；有的生活在森林中潮湿的水边，专门以捕捉飞来飞去的昆虫为食物，如猪笼草、捕蝇草等；有的生活在干旱的沙漠里，具有顽强的生命力，比如仙人掌。

通俗地讲，“花”是植物的繁殖器官，是指姿态优美、色彩鲜艳、气味香馥的观赏植物，“卉”是草的总称。习惯上往往把有观赏价值的灌木和可以盆栽的小乔木包括在内，统称为“花卉”。

本书为读者介绍了丰富的花卉知识，引领广大少年儿童读者进入花卉的海洋，了解赏心悦目的鲜花，领略花卉的神奇。从而激发读者热爱花卉、热爱植物、热爱大自然、热爱生活的热情，为保护生态环境做出应有的贡献。

本书通过简明的体例、精练的文字、新颖的版式、精美的图片等多种视觉要素的有机结合，将人们带入五彩缤纷的植物花卉世界，使大家在享受阅读快感、学习植物花卉知识的同时，获得更为广阔的文化视野、审美享受和想象空间。此外，本书在开本设计、纸张选择、印刷方式和装帧形式等方面都精益求精，力图在不断充实书籍自身实用价值的基础上，使其更具欣赏价值、收藏价值和馈赠价值。

限于学识和经验，本书可能会存在一些缺点和不足，敬请读者朋友们批评指正。

编　者

2018年9月于北京

目　录

植物基础知识篇

植物异能篇

树木篇

花 卉 篇

草本植物篇

种子果实篇

竹子篇

农作物篇

药 材 篇

植物基础知识篇

为什么植物会落叶

一夜秋风，遍地黄叶，人便会平添几分惆怅。可你想过吗？为什么植物会落叶？谁是这幅萧索秋景图的设计师呢？

早在20世纪40年代，科学家们就认为衰老是有性生殖耗尽植物营养所引起的。不少试验都指出，把植物的花和果实去掉，就可以延迟或阻止植物的衰老，并认为这是由于减少了营养物质的竞争。但是进一步观察可以发现，并不是所有植物都是这样的。许多植物叶片的衰老发生在开花结果以前，比如雌雄异株的菠菜的雄花形成时，叶子已经开始衰老了。看来衰老问题并不那么简单。随着研究工作的深入，现在知道，在叶片衰老过程中蛋白质含量显著下降，叶片的光合作用能力降低。在电子显微镜下可以看到，叶片衰老时叶绿体被破坏。这些生理生化和细胞学的变化过程就是衰老的基础，叶片衰老的最终结果就是落叶。从形态解剖学角度去研究发现，落叶跟紧靠叶柄基部的特殊结构——离层有关。在显微镜下可以观察到离层的薄壁细胞比周围的细胞要小，在叶片衰老过程中，离层及其临近细胞的果胶酶和纤维素酶活性增加，结果使整个细胞溶解，形成一个自然的断裂面。但叶柄中的维管束细胞不溶解，因此衰老死亡的叶子还附着在枝条上。不过这些维管束非常纤细，秋风一吹，它便抵挡不住，断了筋

骨。整个叶片便摇摇晃晃地坠向地面,了却了叶落归根的夙愿。

说到这里,你也许会问,为什么落叶多发生在秋天而不是春天或夏天呢?

经过观察研究得出这样一个结论,影响植物落叶的条件是光而不是温度。实验证明,增加光照可以延缓叶片的衰老和脱落,而且用红光照射效果特别明显;反过来,缩短光照时间可以促进落叶。夏季一过,秋天来临,日照逐渐变短,是它在提醒植株——冬天来了。

经过艰苦的努力,科学家们找到了能控制叶子脱落的化学物质。它就是脱落酸,它的名字清楚地表明了它的作用。脱落酸能明显地促进落叶,这在生产上具有重要意义。在棉花的机械化收割中,碎叶片和苞片掺进棉花后严重影响了棉花的质量,因此在收割以前,人们先用脱落酸进行喷洒,让叶片和苞片完全脱落,保证了棉花的质量。还有一些激素的作用却相反,赤霉素和细胞分裂素则能延缓叶片的衰老和脱落。

但是问题还有很多,比如,常绿植株的落叶是怎么回事?光照究竟是通过什么机制控制落叶的?脱落酸分子生物学作用机制又是什么?这种种问题正等待我们不断探索,去研究。

植物也需要“午睡”吗

每天午餐以后，稍作休息，便可消除疲劳，下午工作或学习时精力更加充沛。这是人们主动的代谢抑制性调节行为，对人体健康有积极的意义。

植物是否也需要“午睡”？许多科学家研究发现，如果外界的光、温度、水分条件良好，大多数植物从早到晚光合作用的日变化，只是一种单峰形曲线，即上午从低到高，下午因光线及气温降低，光合作用速率由高变低。也就是说，在一般情况下，植物没有“午睡”的习惯。

然而小麦、大豆等植物，当空气和土壤干旱或气温过高时，叶子会快速失水，引起气孔的保护性关闭，减少水分的消耗；同时由于二氧化碳供应少了，使光合速率降低，出现了光合作用的“午睡”现象。这时，它们的光合作用的日变化曲线呈双峰形：上午光合速率由低到高，中午因强光、高温及水分不足，气孔关闭，光合作用降到最低值；下午逐渐有些回升，随后又因光线不足及气温下降而降低。

目前人们对植物的“午睡”原因有多种说法，但比较一致的看法是，主要是由水分不足而引起的。有人在中午时对小麦喷水，发现可减轻或消除“午睡”现象，有利于光合作用的进行和产量的提高。

由此看来，植物的“午睡”与人的午睡在形式上相似，但性质与效果却不同。植物光合作用的“午睡”现象，是环境因素胁迫下的一种被动的适应调节，其结果减少了有机物的合成，与植物的生长发育和人们期望得到的高产是矛盾的。

为什么音乐能促进植物生长

人们通常用“对牛弹琴”来比喻讲话不看对象。但是在养牛场或养鸡场里经常播放动听的音乐，却可刺激乳牛多产奶、母鸡多生蛋，这已是不争的事实。可见，“对牛弹琴”是一项增产措施。

牛是高等动物，它具有听觉和完整的神经系统，“对牛弹琴”多产奶是可以理解的。那么，音乐能否刺激植物生长呢？

印度有一位科学家，他经常在花园里拉拉小提琴，或者放几张交响乐唱片，日子久了，他发现园中的花木长得格外旺盛。后来他正式做起试验：在一块1亩左右的稻田里，每天播放25分钟交响乐。1个月以后，他发现，这块田里的水稻平均株高超过30厘米，比同样一块面积但没有听音乐的水稻要长得更加茂盛茁壮。

音乐的“知音”何止是水稻，每天早晨给黑藻播放25分钟音乐，不消10天，黑藻也能繁殖得“子孙满堂”。含羞草每天早晨“欣赏”25分钟古典歌曲后，好像心情更加舒畅似的，生长速度显著加快。灌木受音乐刺激后，也会变得枝繁叶茂。据观察，烟草、凤仙花、金盏菊等都对音乐有“灵感”。

音乐能促进植物生长是由于声波的刺激作用。我们知道，植物的叶片表面分布着许许多多的气孔。气孔是植物与外界环境进行气体交换和蒸发水分的“窗口”。当音乐播放后，音乐的旋律经空气传播会产生有节奏的声波，这声波振动刺激植物叶片表面的气孔，可增大气孔开放度。气孔增大后，植物增加吸收了光合作用的原料——二氧化碳，使光合作用更加活跃，合成的有机物质不断增加；同时，植物的呼吸作用也得到增强，为植物的生长提供了更多的能量，这样植物便显得生机勃勃了。

当然植物对音乐也有选择，一般来说，声音尖脆、振动频率快，刺激效果就比较好。在国外，有些国家就采用高频率的超声波（每秒钟振动在2万次以上，超过人的听觉范围），来刺激马铃薯、甘蓝、麦类、蔬菜、苹果以及其他树木，都获得显著的增产效果。但是，植物对超声波并不是多多益善。实践证明：少量超生波可以刺激细胞分裂，中量会抑制细胞分裂，大量就会引起细胞死亡。

音乐能促进植物生长，使科学家受到了启迪：如果摸索出各种植物在不同生长时期对音乐的爱好，再创造出适合它们需要的各种乐曲，不就能进一步提高农业生产的效率吗？

为什么植物有不同的味道

每天，我们吃着各种各样的植物。它们有各种各样的味道。这是因为它们的细胞里含有的化学物质各不相同。

甜味，差不多是与糖类分不开的。许多水果、蔬菜里都含有葡萄糖、麦芽糖、果糖、蔗糖等。尤其是蔗糖，更是甜丝丝的，甘蔗、甜菜里都含有蔗糖。有些东西本身虽然不甜，但是到嘴里会变甜。例如，淀粉并不甜，当受到唾液中淀粉酶的分解，就会变成具有甜味的麦芽糖和葡萄糖。

酸味，则差不多是与酸类分不开的——醋酸、苹果酸、柠檬酸、琥珀酸、酒石酸，它们常常存在于植物细胞内。酸葡萄有许多酒石酸，而柠檬简直是柠檬酸的仓库。

苦味，是人们所不喜欢的味道，然而，许多植物都是苦的。像中药，多半是苦不可耐的，怪不得杜甫写下“良药苦口利于病”的诗句。苦味，常常是因为含有一些生物碱。大名鼎鼎的黄连，就含有黄连碱。金鸡纳树皮能治疟疾，也是种“苦药”，它含有很苦的金鸡纳碱。

辣味，那原因就比较复杂了。辣椒之所以辣，是因为它含有辣的辣椒素。烟，是因为含有烟碱。生萝卜有时也很辣，是因为它含有容易挥发的芥子油。

涩，大都是单宁在捣蛋。生柿子含有很多单宁，所以涩得叫人嘴巴都张不开。此外，像橄榄、茶叶、梨子等，也都含有单宁，所以都有点涩。

植物的叶子也能吸收肥料吗

植物不仅用根吸收肥料，甚至连叶子也能吸收肥料。

有人曾做过这样的试验：把带有放射性元素的肥料溶化在水里，然后用毛笔涂到植物的叶子上。过了几天,令人惊奇的是,在植物的根部也发现了放射性元素。

其实,植物用叶子吸取肥料,早在100多年前就为一些科学家所注意,只是直到近代有了放射性同位素之后,人们才更清楚地了解它。

原来,叶子吸收肥料的方式与根不同,它有自己的一套独特的本领。叶子表面有两个特别的组织,一个叫气孔,一个叫角质层。撒在叶子上的肥料,就是通过气孔这道“门”进去的,它们到了里面,就在各个细胞之间运转。

由于植物的叶子具有这一特殊功用,所以,最近10多年来,叶面施肥的方法已在许多作物上广泛地应用,并给了它一个名字,叫根外追肥。

植物根外追肥优点很多。例如,当植物因缺少某种元素而生病时,就可以对症下药。像果树上的小叶病,是缺锌造成的,只要喷一些锌即可治疗这种病害;有些碱性土壤,容易把某种元素固定,从而不易被植物所利用,根外追肥在一定程度上就可以弥补这种缺陷。另外,喷肥的用肥量省,有的浓度仅为1%~3%,有的甚至少于0.1%。

为什么施这么一点肥料就会有明显的效果呢？这是因为，有些必要元素如硼、锰、镁、锌、铁等，植物本身需要量并不多，少量供应就可以满足要求了。根外追肥不仅可以供应这些元素，更重要的是，喷肥后还可以提升叶子制造养分的能力，增加体内物质的积累。不过，根外追肥虽有许多好处，但毕竟还不能完全代替根部施肥，因为叶子的吸肥数量比根少得多，它只能作为一种辅助的施肥方法。同时，应用根外追肥时，盐类的选择、浓度、时间和方法也都十分重要，使用不当，不但效果不好，有时还可能带来害处，这是必须注意的。

为什么颜色也能充当植物的肥料

如果说，“颜色”也可作为肥料，而且增产效果十分显著，你一定会表示怀疑。然而，这已经是千真万确的事实。

我们知道，太阳光是由红、橙、黄、绿、蓝、靛、紫七种单色光组成的。经科学试验证明，植物叶片在进行光合作用时，叶绿素对太阳光线并不是全部吸收，而是较多地选择吸收红光、蓝光和紫光，对绿光则很少吸收。

作物选择不同颜色的光线，对它们的生长会产生不同的影响。比如说，波长400～500微米的蓝紫光，可以激活叶绿体的运动；波长600～700微米的红光，不仅具有增强叶绿素的光合作用能力，促进植物的生长，而且还能提高植物的含糖量；而蓝色光，则能增加作物的蛋白质含量；至于橙色光和黄色光，虽然对促进叶绿素的光合作用比红色光差，但却比紫色光高2倍。

科学家们在从有色光对植物光合作用影响的大量研究中受到启迪：如果让农作物处在一个适合的色光中，它们就可以更好地进行光合作用，这不就可以提高作物的产量吗？

于是，科学家把目光投向了彩色塑料薄膜。通过有色薄膜，给农作物盖上不同色彩的“被子”，以促使农作物生长发育。

植物对色彩有选择性地吸收，这是因为植物体内遍布着一种叫植物色素的化合物，它不仅具有调节植物生长功能的颜色感知器，而且还可感知光波波长的细微变化。合适的光波波长能够提高作物的光合作用效率，促进作物的生长，从而获得高产。

实践证明，如果采用红色薄膜培育棉苗，棉苗不仅株高茎粗，而且根系长，侧根多，叶大而色绿，病害少，为棉花丰产奠定了基础。用黄色薄膜罩在茶树上，茶叶产量提高，香味浓郁。用红色薄膜覆盖甜瓜，瓜的含糖量和维生素成分提高，而且可提前半个月上市。小麦在红光下，可以加速生长，提高产量。辣椒在白光下生长较好，在红光下则更好。茄子在紫光或紫色薄膜覆盖下，结的果实既大又多。菠菜在紫色或银色薄膜覆盖下，生长非常迅速。番茄在紫色、橙红色和黄色薄膜下，都可以大幅度提高产量，但以覆盖紫色薄膜的增产幅度最大，可达40%以上。

农业科技人员还用红、绿、蓝、白4种薄膜分别覆盖在早稻秧田上进行育苗试验。结果表明，覆盖蓝色薄膜的秧苗最为理想，苗壮、分蘖多，干物质重量增加。在黄瓜苗期，用黑色薄膜覆盖几天，可以促使黄瓜早日出蕾、开花；而后用橙色、红色和黄色薄膜覆盖，也同样可以提高产量。但用蓝色薄膜覆盖黄瓜，则对它的生长不利。

由此可见，植物生长对光的波长有一定的选择性。如果采用彩色薄膜滤光技术，可以有利于作物生长的色光，就能达到稳产、高产的目的。所以，从这个意义上讲，颜色也是一种肥料。

施肥越多植物长得越好吗

俗话说：“庄稼一枝花，全靠肥当家。”施肥能使作物增产，是人尽皆知的。

但是，施肥也是一门学问。施用过淡的肥料，淡而无效，对作物生长毫无促进作用；施肥过浓，就会“烧苗”，颗粒无收。

为什么施肥过浓会“烧苗”呢?

我们都有这样的体会:每年冬季腌菜时,在缸里放上菜和盐后,过一段时间,缸里就会出现大量的水分。这说明植物体内的细胞已脱水,水分子向浓溶液方向渗入了。

植物在吸收养分的过程中,施肥过浓,也会出现上述现象。植物的根表皮是一层半透明的薄膜。在一般情况下,根毛细胞内的细胞液浓度比土壤中溶液浓度大。根据渗透原理,根毛细胞就可以从湿润土壤中吸收水分和养分。而且,根毛细胞液浓度越大,吸收水分和养分的力量越强。当根毛细胞处于紧张状态,即细胞吸足了水分,细胞壁便产生了阻挡水进入细胞的力量,细胞就停止吸水了。

如果施肥过浓,土壤中溶液的浓度大于根毛细胞液的浓度,根毛细胞内的水分便会流向土壤。而这时,作物地上部分的主干、枝条、叶子在太阳光的照射下,蒸腾作用仍然照常进行,结果水分入不敷出,失去了平衡。这样,轻者枝叶萎蔫,重者干枯死亡,出现所谓的“烧苗”。

为什么要抢救濒于灭绝的植物

随着各国经济的迅猛发展,人类在地球上的活动范围不断扩大,如今与人类生活密切相关的植物,它们的生存受到了严重的威胁。有人做过统计,20世纪初期在欧洲还可以见到的植物种类中,现在约有1/10再也找不到了。就拿夏威夷群岛来说,这个岛上的维管束植物约有2700多种,其中就有800种已大祸临头,270多种已经绝种。正在消失的植物中不仅有野生、半野生的种类,就连一些人们栽培的品种也正遭到同样的命运。

那么,植物种或种质的丧失将会产生什么恶果呢?首先,有些植物是名贵药材、香料及工业原料,一旦灭绝,将使人类失去宝贵的财富;其次,许多野生植物虽然目前尚未被人们发掘利用,但它们经过长期的自然选择,有各种各样高强的本领和可贵的特性,是人类的宝贵资源。你吃过香蕉吧，香蕉是没有籽的。但是野生香蕉就有籽，且硬如沙粒，不堪食用，所以野生香蕉从不受到人们的宠爱。但是，假使一旦整个热带美洲的栽培种香蕉受“巴拿马病”严重威胁时，人们将不得不向野生香蕉求救，以便把野生种那抗病性“搬”到栽培种身上，培育抗病品种。

野生植物中好东西多着呢！近年来，不断从野生植物中找到一些对高血压、癌症有疗效的植物。最近我国在河南发现一个猕猴桃变种，叫“软毛猕猴桃”，果实成熟后果面光滑，比目前世界上猕猴桃栽培较多的国家新西兰的硬毛种，更适合于生食和加工。大家知道，猕猴桃是目前世界上的一种新兴果树，以维生素C含量高而著称。每100克鲜果中就含有100~420毫克维生素C，比一般水果高3~10倍，果实酸甜可口、风味特佳。

显然，如果听任植物种类不断丧失，许多有价值的植物种在还没有被人们认识和利用之前就可能无影无踪地消失了，这个损失是无法挽回的。至于大规模植物种类的消失和破坏，将可能使生态系统失去平衡，那将会造成绿洲变沙漠，风灾、旱灾、水灾接连不断，到头来，人类自身也逃脱不了大自然的惩罚。

“救救植物！”这是生物学家发出的紧急呼吁，抢救和保护快要灭绝的植物种已引起国际上的普遍关注。近年来，有些国家已开始建立规模巨大、设备先进的种子库或基因库，尽一切可能收集和保存世界各地的植物种和种质，采取切实有效的抢救措施。

为什么水生植物在水里不会腐烂

无论哪一种植物都是需要水的，若离开了水，就会有死亡的危险。不过，不同的植物，却各有不同的生活习性，有的需水多一些，有的需水少一些。

连续几天大雨后，地里到处积满了水，如果不及时排除掉，像棉花、大豆、玉米等许多农作物就会被淹死，时间再长一些的话，整株植物就会腐烂。而荷花就不同了，它身体的大半段是长期泡在水里的；金鱼藻、浮萍等水生植物，全身泡在水里，但它们却安然无事。为什么水生植物长期泡在水中不会腐烂，而棉花、大豆等农作物泡在水里的时间稍长就会腐烂呢？

一般植物的根，是用来吸收土壤中水分和养料的，但必须要有足够的空气，根才能正常地发育。如果根长时间泡在水里，得不到足够的空气，它就会停止生长，甚至会闷死，根一死，整株植物也就活不成了。

然而水生植物的根和一般植物的根不同，由于长期受环境的影响，使它们具有一种适应于水中生活的特殊本领，就是能吸收水里的氧气，并且在氧气较少的情况下，也能正常呼吸。

它们怎样吸收溶解在水里的少量氧气呢

一般来说，水生植物的根部皮层里，具有较大的细胞间隙，上下连通，形成一个空气的传导系统，更重要的是，它们的根表皮是一层半透性的薄膜，可以使溶解在水里的少量氧气透过它而扩散到根里去。在进行渗透作用时，由于薄膜两边的浓度不同，产生了一种渗透压，而水生植物的根表皮的渗透力特别强，所以氧气能够渗透到根里去，使根吸收到一点氧气，再通过较大的细胞间隙，供根充分地呼吸。

有些水生植物，为了适应水中生活的环境，在身体上还有另外一些特殊的构造。例如莲藕，它深深地埋在泥泞的池塘底，空气不易流通，自然呼吸也就会感到困难了，但是我们不必替它担心，藕里有许多大小不等的孔，这种孔与叶柄的孔是相通的，同时在叶内有许多间隙，与叶的气孔相通。因此，深埋在污泥中的藕，能自由地通过叶面呼吸新鲜空气而正常地生活。又如菱角，它的根也是生长在水底污泥里，但它的叶柄膨大，形成了很大的气囊，能储藏大量的空气，供根呼吸。另外，还有槐叶萍等水生植物，它们的叶子的下面有许多下垂的根。其实，这并不是什么真正的根，而是叶的变态，承担根的作用罢了。

此外，水生植物的茎表皮与根一样，具有吸收的功能，表面防止水分散失的角皮层不发达或完全缺少。皮层细胞含有叶绿素，能进行光合作用，自己制造食物。

由于水生植物有着种种适应水中生活的构造，既能正常地呼吸，又有“粮食”吃，所以能够长期生活在水中，不会腐烂。

生长在海滩和沼泽的植物如何呼吸

我们知道，植物的生活和生长是离不开水的。没有水，植物就要凋萎，甚至死亡。但土壤水分过多或有水浸渍时，土壤孔隙中的空气就会被水排挤出来，使土壤成为一种缺氧环境，也会对植物的生活构成威胁。有人测定，土壤中的氧气下降到10%时，大多数植物的根系的机能就会衰退；降到2%时，根系就会濒临死亡。海滩和沼泽就是属于经常有水浸渍的缺氧生态环境。

然而，植物在进化过程中，也造就了一批适应缺氧环境生长的种类，称为沼泽植物或滩涂植物。这些植物有一个共同的特点，就是具有从土壤中向上长出暴露于空气中进行呼吸的根系，称为呼吸根。呼吸根在表面有粗大的皮孔，里面有发达的细胞间隙，可以储存空气。这是沼泽植物和海滩植物一种特殊的通气组织，它可使沼泽植物和海滩植物能在缺氧环境中生长。当然，不同的海滩植物和沼泽植物的呼吸根的形状有所不同，有屈膝状、环状、指状和棒状等。

具有呼吸根的植物很多，如生长在海滩上的红树科的木榄、马鞭草科的海榄雌、海桑科的海桑等。

我国特有孑遗植物之一的水松，是我国东南沿海的淡水沼泽植物，在树干基部向上长出高低不一的屈膝状呼吸根，十分奇特。原产北美东南部的孑遗植物落羽杉，从20世纪引入我国南方河网地带栽培，在它的树干基部，也和水松一样，长出了奇特的屈膝状呼吸根。

在热带地区的淡水沼泽里，也常见到有呼吸根的植物，如美洲的药用紫檀，加里曼丹的黄牛木和红胶木，尼日利亚的毛帽柱木，伊里安岛的藤棕榈，圭亚那的森藤黄等。

植物的呼吸根除呼吸外，还能起到护堤、促淤、防浪等作用。

为什么科学家钟爱野生植物

我们在田野、荒地上所看到的野生植物，不少是个头长得矮，枝叶瘦小，有些果实小而发酸。就外貌而言，也比栽培植物差多了。但是，科学工作者对于它们的感情可深啦！他们看中了野生植物哪一点呢？野生植物有一个十分宝贵的优点。这个优点植物学家叫作“抗逆性强”。所谓抗逆性，是指植物对不利于它的生活环境的抵抗能力。在自然界里，所有的植物在遇到对它们生命有害的敌人时，总是要想尽办法来抵抗的，不同种类的植物之间，特别是栽培植物和野生植物之间所表现出的抵抗能力是各不相同的。

有人曾经做过一些试验，在同样条件下，野生葡萄和栽培葡萄之间抗黑痘病的能力明显不一样。当栽培的玫瑰香葡萄叶片已经布满黑痘病的黑斑时，野生的刺葡萄和毛葡萄几乎没有黑斑。这是什么原因呢？那是因为野生植物从一粒种子长成一棵植物，从来没有人去精心培育和管理过，然而却有许多无情的敌人，像风雪冰霜、干旱洪涝、疾病虫害等时刻想来扼杀它们的生命。它们为了要生存下去，从祖先开始一代又一代地同无情的敌人展开斗争，慢慢地锻炼出了一种顽强的性格。为了适应恶劣的环境，常常在自己的外部形态构造上和内部生理机能上发生了许多相适应的变化。例如，很多野生植物全身或是叶片上布满了绒毛，有的长满了刺，有的还含有有毒物质等。这一切都是帮助它们能够更好地与它们的敌人作斗争。野生植物的这些优点，说明了它们的生命力和战斗力都是很顽强的。但是栽培植物就不一样了，它们从小到大都是在人们精心呵护下生长的，缺少抗逆性的锻炼,一旦灾害来临时,就经受不住考验,甚至死亡了。

植物育种工作者,非常重视野生植物抗逆性强的这个优点。他们常常通过栽培品种和野生种杂交的途径,把一些品质优良、受到人们欢迎,但抗逆性比较差的植物改造成品质好、抗逆性强的新品种。所以,生长在荒山贫瘠土地上的任何一株野生植物无不是饱受风霜,从逆境中成长起来的。我们应特别重视这个资源丰富的宝库,充分利用它们的抗逆性强这一优点,作为杂交亲本,培育出新品种,造福于人类。

为什么有些植物的寿命特别短

大自然里的趣事太多了,无论是几十米高的大树,或几寸高的小草,虽然它们外形差异极大,但是它们的一生总是这样度过的:当种子散落在泥土里,遇到适宜的环境条件就开始发芽、生长、开花、结果,果实里孕育着第二代——种子,最后死亡。

不过,它们完成这样的一个生命过程,所需要的时间,根据各种植物的不同特性,并不完全一样,甚至相差几十倍、几百倍。有的只需要一年,如农作物中的水稻、高粱、玉米之类,人们叫它们一年生植物;有的却需要2年才能完成,中间经过一个冬季的休眠,第二年才生长花茎,开花结实,如油菜、冬小麦等,人们叫它们二年生植物。这些大多是草本植物。

木本植物就大不相同了,有的需要十几年、几十年,甚至几百年、几千年才能完成它们的生命周期。尽管这样,它们还是和其他植物一样,生命的基本规律都是从发育、生长到衰老,最后死亡。世界上没有永不死亡的植物。

有没有活不到1年的植物呢? 也有,而且种类也是不少的。在植物界里,有的只能活短短的几个月,有的甚至只能活几十天。如我们常见的瓦房顶上瓦槽中,能开黄色五瓣小花的一种多肉的草,叫作瓦松。它在雨季才生长出来,很快就开花,雨季一过就枯死了。还有一种做中药用的夏枯草也是如此，春天发芽，夏季刚到，它已宣布结束一生。要说真正的短命植物，沙漠地带有不少的种类，例如，短命菊这些短命植物的最大弱点就是怕干旱。在沙漠里，雨量不但异常的少，而且是集中在一个短时间内降落的，因此它们必须在短短的二三十天内完成生命周期，或者在每年春天融雪后的几个星期内开花、结实、死亡，以后再见不到它们的踪迹。沙漠里的这些植物的寿命之所以这样短，是沙漠的干旱环境造成的。这是植物有机体适应性的一个令人惊奇的例子。

植物怎样传播自己的种子和果实

植物，一生固定生长在一个地点，直立不动。那么，是谁把它们的代表送到地球的各个角落去呢？是人吗？不错，这里有人的功劳。起源于南方沼泽地的水稻，经过人们的引种栽培，今天已出现在万里之外的北方水田中。可是地球上还有几十万种野生植物，又是谁帮助它们迁徙的呢？

植物主要是靠传播它们的繁殖体——种子和果实来扩大它们的分布区域。各种植物在进化的历程中，都练就了一身传播种子和果实的本领；同时还都各自找上了一位配合默契的好帮手，共同来完成形形色色的传播活动。

生长在田野里的蒲公英，它的果实很小，但在头上却顶着一簇比果实本身还要大的绒毛，微风吹来，那簇绒毛就像打开的降落伞似的，带着果实，远离母株，乘风飞扬，飞到很远的地方，降落下来，在另一个地方，开始繁殖新的一代。我国南方有一种大树，它的果实像一把把又阔又长的大刀，高高地悬挂在树梢上。成熟时果实开裂，无数种子飞了出来，好像一群粉蝶在空中翩翩起舞。种子本身很小，但它三面都连着一层像竹衣似的透明薄膜，外形活像一只平展双翅的蝴蝶。人们形象地称它们为“木蝴蝶”，而植物本身也就获得了这一美名。

蒲公英、木蝴蝶有着共同的帮手——风，来协助它们传播种子和果实。

凡是靠风力来传播的种子或果实，都会长出像蒲公英的绒毛或木蝴蝶的薄膜这一类的“翅膀”。“翅膀”能使种子和果实的比重减轻、浮力增大，一旦风起，它们就随风飘去，越飞越高，越飞越远。靠风传播繁殖体的植物还有杨树、柳树、榆树、枫树等。

生长在水中或水边的植物，很自然地，它们要靠水的帮助来传播繁殖体。椰子可算是植物界中最出色的水上旅行家了。椰子的果实有排球那么大，果实的外面有层革质外皮，它既不易透水，又能长期浸在又咸又涩的海水里而不被腐蚀；果实的中层是一层厚厚的纤维层，质地很轻，充满空气，有了这一厚层纤维，就使整个椰子像穿上了一件救生衣漂浮在水面；内层才是坚硬如骨质的椰壳，保护着“未出世”的下一代。当椰子成熟时，就会从树上掉落下来，如果掉入海中，海潮就能把椰子带到几百千米之外，甚至更远的地方，然后再把它冲上海岸，若是环境适宜，那么，一株幼小的椰子树就会在那儿开始它的独立生活。

夏天，我们都曾见过荷花池里的莲蓬吧？它们像一只只翡翠做的小碗，挺立在池中，别看它比你的拳头还大，如果用手去捏它一下，它也能被你一手握在掌心。原来莲蓬的质地就像海绵那样疏松，里面贮满了空气。就在这疏松的组织间，嵌埋着几十颗莲子。秋后，莲蓬就会像一艘海绵船，载着它的乘客——莲子，在水面漂浮远去。现在我们知道了，靠水传播的种子、果实，它们外面总是包裹着一层又厚又轻、充满着空气的保护层，使它们能够浮在水面，随波遨游。

更多的植物，却是依靠人或动物传播种子或果实的。有的种子或果实非常细小，当你无意踩上它们时，它们就黏着或嵌在你的鞋缝里，你走多远，它们就跟多远，当你略一顿足，那么，它们就和尘土一起，掉到了新的领地上。另一些植物，果实和种子上长着各种各样的刺或钩。一旦人或动物和它接触，那些带钩、长刺的小家伙，就能牢牢地挂住动物的皮毛或人的衣物，散播到远处去。这类带钩、带刺的种子或果实，最常见的有牛膝子、苍耳子、窃衣、鬼针草等。

鸟类也是替植物传播繁殖体的好帮手。当鸟类在森林中觅食时，晶莹欲滴的小浆果，引诱着成群的鸟儿，性急的鸟儿往往是连肉带籽地一口就把浆果吞入肚中，不久，种子再随着鸟粪被排泄出来。鸟儿飞到哪里，种子就在哪里发芽生长。

当然，植物界里还有许多“不求人”的种类，像凤仙花、豌豆等，它们不靠风、不靠水，也不靠动物，而是靠自身的弹力将种子从果实中弹射出来。最有趣的要算喷瓜，它很像橄榄，但比橄榄要略大一点，种子不像我们常见的瓜那样埋在柔软的瓜瓤中，而是浸泡在黏稠的浆液里，这种浆液把瓜皮胀得鼓鼓的，绷得紧紧的，强力压迫着瓜皮；当瓜成熟时，稍一风吹草动，瓜柄就会自然地与小瓜脱开，瓜上出现了一个小孔，就像揭去了汽水瓶的盖子那样，把浆液连同种子，从小孔里喷射出来，一直喷到几米远的地方去。像这样传播种子的植物是很多的。

为什么红色的叶子也能进行光合作用

植物的绿叶，被人们称为“绿色的工厂”。谁都知道，植物要制造有机物质，要进行光合作用，一定要有叶绿素存在。

但是，有些植物如糖萝卜、红苋菜、秋海棠的叶子，常常是红色或紫红色的，它们也能进行光合作用吗?

答案是肯定的。因为这些叶子虽然是红色的，但是叶子里也含有叶绿素。至于这些叶子之所以成为红色，主要是含有红色的花青素的缘故，它们含的花青素很多，颜色很浓，把叶绿素的绿色盖住了。

要证明这件事并不困难，只要把红叶子放在热水里煮一下，就真相大白了。花青素是很容易溶于水的，而叶绿素是不溶于水的。在热水里，花青素溶解了，叶绿素仍留在叶子中，煮过后的叶子由红变绿了，这就证明红叶子里的确有叶绿素存在。

另外，许多生长在海底的植物如海带、紫菜等，也常常是褐色或红色的。其实，它们同样含有叶绿素，只不过绿色被另一类色素——藻褐素或藻红素遮住罢了。

植物会呼吸吗

人不停地在进行呼吸,吸进氧气,吐出二氧化碳。

人是这样,牛、马、狗、猪等动物,也是这样。然而,奇怪的是,植物也同样日夜不停地在进行呼吸。只因为白天有阳光,光合作用很强烈,光合作用所需要的二氧化碳,远远地超过了呼吸作用所产生的二氧化碳。因此,白天植物好像只有光合作用,吸进二氧化碳,吐出氧气。到了晚上,阳光没有了,光合作用停止,这时,植物就只进行呼吸作用,吸进氧气,吐出二氧化碳。

然而,植物从哪儿吸气,又从哪儿吐气呢?

植物与人不一样,它全身都是"鼻孔",它的每一个活着的细胞都在进行呼吸:气体通过植物体上的一些小孔——气孔进进出出,吸进氧气,吐出二氧化碳。

植物的呼吸作用,要消耗身体里的一些有机物。但是要知道,它消耗一些有机物不是没有意义的。植物的呼吸作用消耗有机物,实际上就是用吸进去的氧气使有机物分解。有机物分解以后,把能量释放出来,作为生长、吸收等生理活动不可缺少的动力。当然也有一部分能量,转变成热能以后散失掉了。

植物的这种呼吸作用叫作"光呼吸",和光合作用有密切的关系,光呼吸要消耗掉光合作用所产生的一部分有机物。有些植物的光呼吸较强,消耗就多些;有些植物的光呼吸较弱,消耗就少些。这对作物的产量有直接的关系,所以科学家对植物光呼吸生理功能的研究相当重视。

为什么有些植物长出来的嫩芽、新叶是红色的

春天一到,大地活跃起来了。

田野里一片新绿,花草树木,欣欣向荣。

要是注意一下这些绿色的形成,倒是挺有趣的:看看河边的垂柳,它那千万根柳条上,先绽出一粒粒的小点,然后是嫩嫩的叶芽,不需多少日子,就成了一片葱郁的翠绿;蔷薇向花架上攀去,伸出那么多带紫色的新枝,宛如珊瑚,可是也不需多久,就成了碧玉;即使随便低头看看地上不知名的野草,在它那湛绿中,也可以发现中心部分的嫩红,仿佛害羞似的不肯抬头。

许许多多树木和花草,在它们披上绿袍之前,嫩芽、新叶多少会带些红色。

我们知道,植物之所以有绿的颜色,是因为它有着叶绿素的缘故。可是植物的叶绿素,并不是和它的枝芽萌动同时发生的。它往往要比植物生枝发芽来得迟些,因为叶绿素本身也是由许多元素在复杂的条件下才形成的。

植物的嫩枝和新芽,就像初生婴儿。婴儿是要依靠母亲的乳汁喂养才能长大;植物的嫩枝、新芽,也要依靠植物体内其他部分供应养料。当婴儿成长到一定阶段以后,生出了牙齿,就渐渐地有能力吃各种食物了;植物的嫩枝、新芽也是这样,生长到一定阶段以后,叶绿素产生了,自己开始能够制造养料,也就不再需要依靠其他部分的供应。

但是嫩枝、新芽中叶绿素的产生,各种植物并不相同,有的叶绿素产生得较早,嫩枝、新芽就绿得快;有的叶绿素产生得较迟,嫩枝、新芽就绿得慢。

那么,植物的枝芽在叶绿素产生之前,为什么不是无色而带有红的颜色呢?

这是因为植物体内有一种叫作花青素的物质。在叶绿素产生之前,它早就存在了,花朵的种种美丽的颜色,基本上是花青素变的戏法。花青素

不仅把花朵染成了各种颜色，也把嫩枝、新芽染成了红色。其实，嫩枝、新芽并不单有红色，也有紫色的、略带蓝色的和黄色的……

为什么到了秋天叶子会变红

在秋高气爽的时节，你去北京香山游玩，会被那漫山遍野的红叶所陶醉。历来，有不少诗人写下了专门赞美红叶的诗文，有的形容它“霜叶红于二月花”，这是很有道理的。

原来叶子的颜色都是由它所含有的各种色素来决定的。正常生长的叶子中总含有大量的绿色色素，叫作叶绿素。另外还有黄色、橙色或橙红色的类胡萝卜素，红色的花青素等。叶绿素和类胡萝卜素都是进行光合作用的色素。它们都集中在细胞内的叶绿体小颗粒中，实际上这就是生产粮食的小工厂。叶绿素的化学性质很活泼，也很容易被破坏。夏季叶子能长期保持绿色，那是因为不断有新产生的叶绿素代替那些褪了色的老叶绿素。类胡萝卜素是比较稳定的，对叶绿素还能起到一定的保护作用。到了秋季，叶子经不住低温的影响，产生新叶绿素的能力逐渐消失，绿色渐渐褪掉，而类胡萝卜素仍留在那里，于是叶子就变成黄色的了。

有些叶子变成红色，那是叶子在凋落前的半个多月里产生了大量的红色花青素的结果。

香山红叶就是这样形成的。香山红叶是一种叫黄栌的树的叶子。如果我们稍微留心一下，就会发现，它并非所有的叶子都是那么鲜红的，也有橙色的、黄色的，还没有变成红色，就被秋风吹落了。叶子产生花青素的能力与它周围环境急骤变化的程度有关。如寒流霜冻的侵袭，有利于形成较多花青素，所以称“霜叶红于二月花”。

秋天，山上的树叶往往比平地上的树叶红得早。这是因为山上的昼夜温差比较大，有利于叶子里糖分的积累，产生的花青素比较多。除在北京香山所看到的黄栌外，江南一带的枫树，到了秋天，叶子也红得美丽，古人曾用“江枫如火”来形容它；黄河流域一带的乌桕也是著名的红叶树，古人有“乌桕犹争夕照红”的诗句。其他还有很多红叶树，如黄连木、水杉、漆树、槭树、椭树等。

目前，人们对于花青素的分子结构及化学性质都有不少的研究，但它除增添树叶的色彩外，在叶子中到底起什么作用还有待进一步去了解。

为什么世界上有那么多不同种类的植物

地球上几乎到处都生长着植物，而且种类繁多，形态各异。根据统计，地球上有40多万种植物，其中低等植物有10多万种。

这许许多多的植物究竟是怎样产生的呢？要弄清楚这个问题，就先要了解植物在地球上发展的简单历史和植物种类形成的过程。

大约30亿年前，地球上已出现了植物。最初的植物，结构极为简单，种类也很贫乏，并且都生活在水域中。经过数亿年的漫长岁月，有些植物从水中转移到了陆地上生活。陆地上的环境条件不同于水中，生活条件是多种多样的，而且变化很大。什么大气候的变化啦，什么造山运动啦，什么冰川运动啦，什么火山爆发啦，什么海水入侵啦等，真是沧海桑田，变化万端。这样，植物体原来的形态和构造，不通过改造，就不能适应陆地生活的需要。比如说，植物在水中生活时，用身体的整个表面吸收养料，而在陆地上就需要有专门的器官，一方面从土壤中吸收水分和矿物质，另一方面从大气中吸收二氧化碳和氧气。在水里，植物不需要专门的机械、保护、输导及其他组织。而在陆地上，这些组织就成为生活的必要条件。

因此，植物在适应水域生活过程中所获得的许多特性，在适应陆地生活时就要发生显著的改变，并且复杂化。植物向陆地发展，就伴随着适应构造的根、茎和叶的出现，最后出现了花、果实和种子。

植物界的进一步发展，是沿着适应这一新的更为复杂的生存环境的道路前进的。

植物经过长期演化的结果,就产生了植物界的多样性和复杂性。然而造成这种情况的因素很多,重要的有以下几方面:

(1)植物在进化的过程中,不断地与外界环境条件做斗争。环境不断地在发生变化,植物的形态结构和生理功能也必然会跟着发生相应的变化。在变化的历史过程中,有的植物不能适应环境的变化而被淘汰了,有的则发生着有利于生存的变异而被保留下来继续存在,但它们已经完全不是原来的种类了。

(2)由于某些地理的阻碍而发生的地理隔离,如海洋、大片陆地、高山和沙漠等,使许多生物不能自由地从一个地区向另一个地区迁移,这样,就使在海洋东岸的种群与西岸的种群隔离了。隔离使得不同的种群有机会在不同条件下积累不同的变异,由此出现了形态差异、生理差异、生态差异或染色体畸变等现象,从而实现了生殖隔离。这样,新的种类就形成了。

(3)在自然条件下,植物通过相互自然杂交或人类的长期培育,也使植物界不断产生新类型或新品种。

今天,在海洋、湖沼、南北极、温带、热带、酷热的荒漠、寒冷的高山等不同的生活环境中,我们到处都可以遇到各种不同的植物。它们的外部形态和内部构造以及颜色、习性、繁殖能力等,都是极不相同的。所有这些都表明植物对环境的适应具有多样性,因而形成了形形色色的不同种类的植物。

植物的根系有哪些作用

植物一般分地上和地下两部分。地下的部分,我们叫它根系。根系是由几种根组成的:一种最初从种子幼胚的胚根长出来的,长得比较粗壮,能够垂直往土壤深处钻,叫作主根。主根可以向四面八方分叉,形成许多侧根。侧根又能够再次分叉,形成三级根、四级根等。主根和侧根上可以生出很多微小的根,嫩根先端还有许多白色的根毛,它们有吸收水分和养分的作用。

根系在土壤中的分布有三大特点:深、广、多。

根扎入土壤的深度,随植物的种类和土壤的质地不同而不同。我国的枣树,生长在干旱土壤或丘陵地区,垂直根可以深达12米左右。有些蔬菜,根钻入土壤中也有1米左右。生长在沙漠里的植物,在干旱的环境里,它们的根都练就了一套深入土层的本领。

根的数目极多,一株小麦的根可达7万条,总长达500多米。一株玉米长到8片叶子的时候,侧根的数目就有8000~10000条。如果把一株小麦的根毛连接起来,总长度可达20千米。至于一株果树所有根的总数和长度,就更为惊人了。

根系的分布范围比树冠枝条伸展的宽度还要大得多,一株27年生的苹果树,根系水平延伸的最大距离可达27米,超过树冠的2~3倍。

植物的根系都长得这么长、这么多有什么用呢?是浪费吗?不!这是完全有必要的。因为强大的根系首先可以把植物牢牢地固定在土壤中,根长得越深,分布得越广,植物就越不容易被大风刮倒。

根系是植物的两大工厂(叶和根)之一,它负担着艰巨而繁重的工作。我们知道,植物生活中不能没有水分,以重量计算,植物身体各部分水分就要占80%以上。有了水分,植物这个"绿色工厂"才能制造出各种各样供植物生长发育所需要的食物来。另外,水分还经常要从叶的表面"逃走",这叫作蒸腾。夏天温度高,水分的蒸腾特别厉害,这时如果水分供应不及时,植物就会枯萎,严重的会干死。有人做过统计,一株向日葵在一个夏天就需要水200~300千克。拿小麦来说,要结出500克麦粒,就需要约200千克的水。

植物需水量这么大,靠谁来供应呢?当然要依靠根系从土壤中吸收。我们可以想象,如果不是庞大的根系与含有水分的土壤微粒广泛接触,哪能保证水分对植物源源不断地供应呢?

植物在生长过程中还需要许多营养物质,如氮、磷、钾、硫等。这些营养物质不能在空中获得,必须依靠根系在土壤中到处寻找,有一些微量元素只有在土壤深处才能获得。因此,根系只有分布得又广又深,才能保证植物从土壤中获取生长所需要的大量养分。

有趣的是,植物地下的根这么多、这么长还不满足,它们还有一些“助手”。我们经常可以看到在瓜藤的节上、玉米秆的基部,长出许多“不定根”来;有些植物如松树等的根部,还寄生着一种真菌,叫作“菌根”。它们都能帮助植物吸收水分和养分。

由此看来,植物的根系越发达,对于植物的生长就越有利。我们常说“根深叶茂”,正是这个道理。

植物的茎结构如何

如果你把植物的茎切断,观察一下它的断面,就可以发现,一般植物茎的构造是这样的:

最外面一层是表皮,表皮上面常常长着一些毛或刺;表皮的里面是皮层,皮层中有一些薄壁组织和比较坚固的机械组织,皮层和表皮都是比较薄的;皮层再往里,就是中柱部分了。

中柱部分中,包含着一个一个的维管束,这是植物茎中最重要的部分,输送养分、水分全靠维管束。中柱部分的最中心,也就是植物茎的最中心,叫作“髓”。它具有很大的薄壁细胞,它的功用是储藏养料。

可是有些植物,如小麦、水稻、竹子、芦苇等,茎的中间却是空的。这是因为,这些植物的茎中央的髓部很早就已经萎缩消失了。

本来这些植物的茎也是实心的,但是,茎中间变空对植物很有利,所以植物在长期的进化过程中,茎慢慢地变空了。

植物异能篇

为什么说有毒植物也有功劳

巴拿马运河两岸，莽莽苍苍，森林中有一种常绿乔木，叫希波马那·曼西那拉。它虽然四季常青，但毒性很大，连从树上掉下来的雨滴，碰在人的皮肤上，也能引起皮肤发烫。据说有群美国人刚到这里的时候，在树下歇凉，适逢暴雨来临，只好在此躲雨。奇怪的事情发生了：突然间，他们的皮肤全都红肿起来，当时一个个感到莫名其妙，吓得面面相觑。事后七查八问，原来是这种树的毒液随同雨滴落下，使皮肤产生过敏反应的结果。

神农氏是我国古代传说中最早认识有毒植物的人。在我国南方的一些地区，还流传着神农氏之死的故事。据说神农氏是在尝百草时，吃了剧毒植物——断肠草后肠断而死的。这种植物全身有毒，甚至连花粉也不例外，尤其是根和嫩叶的毒性极强。我国民间还把卫矛科的雷公藤、瑞香科的狼毒、罂粟科的刻叶紫堇、夹竹桃科的羊角拗等也称为断肠草。这些断肠草尽管种类不同，但口服后都有强烈的胃肠反应，恶心、呕吐、剧烈腹痛及腹泻等，因此都享有“断肠草”的威名。

有毒植物在历史上也是赫赫有名的。古希腊三大哲人之一的苏格拉底，在公元前399年因“腐蚀青年”和“从事新奇的宗教活动”等罪名被判处死刑，就是服毒参的汁液而死的；罗马帝国的暴君尼禄，则被迫于公元68年服用由天仙子、颠茄和毛地黄配制的毒药自杀；提图斯、图密善等罗马皇帝

的迅速死亡，也都与毒植物有关。到了文艺复兴时期，植物毒药的制作技术更是大为提高。

由于植物的种种毒素给人的健康乃至生命造成的巨大危害，它们被称作无声的“杀手”。但透过它害人、杀人的一面，再去探索它有益的一面时，眼前竟是一座辉煌的药物宝库。例如，从夹竹桃科有毒植物长春花中分离出的长春碱、长春新碱，从20世纪60年代初就进入了抗癌药物的行列，主要用于治疗白血病等几种癌症，尤其对儿童白血病、绒毛腺癌疗效最好，被医学界誉为“独领风骚”的神丹妙药。在中药里，长期以来对症使用某些有毒植物，对许多疾病都有明显疗效，甚至有的剧毒植物还是一些疑难病症的“克星”。

近年来，一些新开发的抗癌药物，充分显示出有毒植物的巨大药用潜力。在人类面对癌症、心血管病、艾滋病等严重威胁时，越来越多的科学家把眼光转向植物。有的学者甚至把21世纪人类战胜疑难疾病的希望完全寄予有毒植物所产生的生物活性物质上。

为什么除虫菊能杀虫

夏天，在临睡前，也许你常常在床前点上一盘蚊香。蚊香的气味，对于人来说，不仅不会有不愉快的感觉，甚至还感到点香哩。可是蚊子“闻”了就像吸了毒气似的，立刻会全身麻痹，从空中摔下去。

你知道蚊香是用什么制作的吗

在蚊香里,有碎木屑、滑石粉、绿颜料,不过,它们都是“配角”,“主角”是除虫菊粉。蚊香能够杀死蚊子,全是除虫菊粉的功劳。

除虫菊与菊花都属于菊科植物。常见的除虫菊有两种:一种开红花,一种开白花。我国北方一般在8月间播种,次年4月定植,到第三年5月开始开花,6月最盛,一直开到8月。每亩除虫菊可收花15~50千克。一般是在花开六成时采收。除虫菊粉,是把除虫菊的花朵在刚开放的时候采下,晒干后制成的。

除虫菊能够杀虫,是因为它含有毒性很强的除虫菊酯——一种无色黏稠的油状液体。除虫菊的花是天然的除虫菊酯的仓库,含量0.8%~1.5%。但在除虫菊的叶子、茎里,除虫菊酯就少得多了,含量仅为花的1/9。至于根部,除虫菊酯含量差不多等于0。所以叶子、茎没有多大的杀虫效力。

当你把蚊香点着时,除虫菊酯受热挥发了,跑到空气中去。这样,蚊子一遇上它就倒霉了。

除虫菊粉不仅用来制造蚊香,在农业上,它还是一种十分重要的植物性农药,对防治棉蚜、菜蚜等具有特效。

近几年来人们还发现了一种“增效作用”。据试验,如果往除虫菊中加入适量的提炼芝麻油的副产品——芝麻素,可以大大增强除虫菊的杀虫效果。这种芝麻素便被称为“增效剂”,使这种古老的杀虫药发挥更大的作用。

除虫菊对于人、畜无害,因此在农村常常用它来给猪圈、牛栏、鸡舍消毒。

为什么有的植物能分解污水毒性

污水大都有毒性。但有一种叫水葱的植物，它既能吸收水中的有毒物质，又能杀死水中的细菌。污水池塘中足以使鱼类死亡的有机物有十几种，如果种上水葱，那些有毒的有机物就会被它吸收掉。例如，当污水中酚的浓度达到400毫克/升时，水葱在一个月内就可将其全部吸收。

除水葱外，芦苇、香蒲、凤眼莲、空心苋、金鱼藻、浮萍等也都有比较好的净化污水的能力。特别是凤眼莲，在含锌10毫克/升的污水中，栽上凤眼莲，只要1个多月，它体内的含锌量就会比在不含锌的水中种植的凤眼莲增加133%。

植物吸收水中有毒物质的能力是很强的，一般可以吸收高于水中浓度的几十倍，甚至几千倍的有毒物质。例如，芦苇吸收锰的浓度可以为水中浓度的1770倍，吸收铁的浓度为水中浓度的3388倍；狐尾藻吸收钴的浓度为水中浓度的19倍，吸收锌的浓度为水中浓度的2670倍。

但要注意的是，有些有毒物质如氰、砷、铬、汞等，它们在植物体内移动慢，常常聚集在植物的根部；而镉与硒等元素转移很快，可以从植物的根部转移到茎和叶，而且有一部分还能进入果实和种子。明白了这一点，我们就要特别注意，在有氰、砷、铬、汞污染的地区，绝对不能种植食用根茎的作物，如马铃薯、莲藕、荸荠等；在硒和镉污染地区，不要栽种食叶的菜以及食果实、种子的禾谷类作物，以防毒物危害人体。

那么，植物吸收了有毒物质，为什么不会受毒害呢？因为它们有一种本领，能够在体内将有毒物质分解转化成为无毒物质。植物从水中吸收酚后，大部分参加了糖的代谢过程，和糖结合后形成酚糖甙，酚就丧失了毒性。植物也能吸收苯酚，它在无光条件下把苯酚分解成二氧化碳，从而免除了毒性。氰进入植物体后，与丝氨酸结合形成腈丙氨酸，再转化为天冬醯胺酸及天冬氨酸，这两种物质都无毒性。植物真是一种天然的“净化器”啊！

植物清除污水毒物的本领，在环保工作中具有十分重要的意义。随着现代化工业的发展，各地水污染加重，可请植物来解除或减低水的毒性，以保护环境不受污染。

为什么有的植物被称为"大气污染的报警器"

在南京的一个地方，有一次发现在春季雪松长新梢时，针叶常发黄、枯焦。为什么呢？后来查明，那是由于附近工厂里排放出来的二氧化硫和氟化氢引起的，雪松对这两种气体很敏感。现在人们一见雪松针叶出现这些症状时，便知道周围可能有氟化氢或二氧化硫污染。人们说，雪松是一个很好的大气污染报警器。

植物为什么能够对大气污染报警呢？原来植物和动物一样，都是大气污染的受害者，但是植物对大气污染反应更加灵敏。以二氧化硫为例，当它的浓度在0.3×10^{-6}时，敏感植物就要受害，而浓度在1×10^{-6}时，人才闻得出气味，到10×10^{-6}时才会引起咳嗽和流泪。所以利用敏感植物报警，可以避免污染气体危害人体健康。

当然，植物报警的方式不会像拉警报那样发出声响，而是以它躯体的伤斑和伤势来唤起人们的警惕。通常空气中的有害气体是从叶片上的气孔闯入植物体内的，所以叶片首当其冲，往往出现肉眼看得见的各种伤斑。不同的气体引起的伤斑并不一样，二氧化硫引起的伤斑出现在叶脉间，呈点状或块状；氟引起的伤斑大多集中在叶子尖端和叶片边缘，呈环状或带状。其他污染气体引起的症状也不一样。所以，植物不仅能告诉我们大气中是否存在污染物质，而且能够粗略地反映大气污染的程度。由于不同植物对不同污染物质的敏感性不同，对某一种污染物质特别敏感的植物就可以作为这一种污染物质的报警器。现在已经找到不少优良的敏感植物，可以作为各种大气污染物质的指示植物，例如，用紫花苜蓿、胡萝卜、菠菜可以监测二氧化硫污染；用菖兰、郁金香、杏、梅、葡萄可以监测氟污染；用苹果、桃、玉米、洋葱可以监测氯污染等。

如果你想知道附近有没有氟污染，那么，不妨试一试，在住处放上几盆美丽的菖兰，随时注意它的生长情况。如果叶片边缘和尖端出现淡棕黄色的带状伤斑，而且受害组织与正常组织之间有一条明显的界线，这就说明周围的空气中有氟污染，不可掉以轻心！通常，氟的浓度在0.005毫克/升时，菖兰就会出现症状，而浓度在8毫克/升时才开始对人有害，所以得到菖兰警报之后采取防污染措施还来得及。

植物能提炼石油吗

植物能提炼石油吗？答案是肯定的。随着世界经济的发展，能源消耗量越来越大，对能源质量的要求也越来越高。目前，由于加速开采地下石油资源，从而使石油的存储量日益减少。为了石油，甚至还引发了战争。

人类为了更好地生存，各国科学家都在想方设法寻找新的石油资源。有趣的是，科学家们不约而同地把目标瞄准了植物世界。他们不辞辛苦，翻山越岭，采集标本，进行各种各样的分析、试验，做了大量的研究工作。皇天不负苦心人，科学家们终于发现，在不少植物中含有一定量的白色乳汁，而这些乳汁液中含有石油的主要成分——碳氢化合物。

澳大利亚生物能源专家，从桉叶藤和牛角瓜的茎叶中，提炼出能制取石油的白色乳汁液。经过调查，这两种野草大量生长在澳大利亚北部地区，生长速度很快，每周可长高约30厘米，如果人工栽培，每年能收割几次。据估计，每公顷野草每年能生产65桶石油。如果这种资源得到充分利用的话，就可以满足澳大利亚石油需求量的一半。

美国亚利桑那州植物生理学家皮帕尔斯，也从一种叫“黄鼠草”的杂草中提炼出了石油，每公顷的野生黄鼠草可提炼出1000升石油。人工培植的杂交黄鼠草，每公顷可提炼出石油6000升。为此，亚利桑那大学还设计了提炼植物石油的工厂雏形。从事这方面研究且比较有成就的，要数美国加利福尼亚大学的梅尔温·卡尔文教授。他不但成功地从大戟科植物乳状汁液中提炼出了汽油，还从巴西热带丛林中找到了一种香胶树。只要在树干上打一个5厘米深的洞，半年之内每棵香胶树可分泌出23～30升的胶汁，胶汁的化学成分同石油极其相似，不必经过任何提炼，就可直接当作柴油使用。据估计，1亩土地上种60棵香胶树，可年产石油15桶。

我国科学家在提炼植物石油的研究中也取得了一定的成绩。他们在海南岛找到了一种能产柴油的树种叫油楠树，只要把树干砍伤或钻洞后，油就会源源流出。通常每株油楠树可收柴油34千克左右。当地居民习惯用这种油代替煤油点灯照明。

从植物中提取石油，是目前世界各国科学家的重要研究课题之一。石油植物的发展，为人类解决能源危机提供了新的希望。正因为如此，今天，"石油农业"已悄悄地在全球兴起，一些石油植物的深开发研究已达到实用阶段。如美国种植石油植物已有百万亩；英国也开发了100多万亩；菲律宾种植了10多万亩银合欢树，6年后可收获石油1000万桶；瑞士打算种植150万亩石油植物，以解决全国一年50%的石油需求量。这一切极大地鼓舞了人类，能源专家们预言，21世纪将是石油农业新星的耀眼的时代。

为什么植物能预测地震

大家都知道，在地震到来之前，不少动物会出现异常反应，它们的反应有时比测震仪还要敏感。那么，植物与地震有何关系呢？

这个问题引起了科学家们的浓厚兴趣。不久前，中国地震学家在调查地震植物的变化时，发现了许多值得注意的情况。例如在1970年，宁夏西吉发生5.1级地震前的一个月，离震中66千米的隆德县，蒲公英于初冬季节就提前开了花。1972年，长江口区发生4.2级地震之前，上海郊区曾出现不少山芋藤突然开花的罕见现象。尤其在1976年唐山大地震前，唐山地区和天津郊区还出现了竹子开花和柳树梢枯死。当时，科学家们还无法确切说明地震孕育过程中，哪些物理或化学的因素，会引起植物产生异常的生长现象。

直到20世纪80年代，科学家对植物是否能预测地震进行了更加深入详尽的研究，从植物细胞学的角度，观察和测定了地震前植物机体内的变化。他们发现，生物体的细胞犹如一个活电池，当接触生物体非对称的两个电极时，两电极之间会产生电位差，出现电流。在动物中，感觉神经便把兴奋送到中枢神经系统，然后通过大脑发出指令，做出相应的反应。但在植物中，没有分化出感觉器官和专门的运动器官，然而它们对外界的刺激仍可以在体内发生兴奋反应，就像含羞草叶被触摸后会立即收缩那样。

根据以上的理论基础，科学家用高灵敏的记录仪，对合欢树进行生物电测定，并认真分析记录下的电位变化。结果发现，合欢树能感觉到地震前兆的刺激，产生出明显的电位变化和过强的电流。例如1978年6月6日到6月9日，合欢树的生物电流一直正常，到10日、11日则出现了异常大的电流，第二天便在附近发生了7.4级地震，以后余震持续了10多天，电流也随之变小。

为什么地震前植物体的生物电流会剧烈变化呢？地震前植物出现异常强大的电流，也许是因为它的根系能敏感地捕捉到地下发生的许多物理化学变化。其中包括地温、地下水、大地电位和磁场的变化，导致植物也产生各方面的相应变化。

今天，利用植物预测地震的研究刚刚开始，但科学家们坚信，只要通过长期的资料积累和研究，并结合其他手段进行观察，植物所发生的异常现象，肯定会对震前预报有积极意义。

植物懂得自卫吗

植物懂得自卫吗？答案也是肯定的。我们在野外考察时，总有一种感受，就是进入山地灌丛或草地时要留心不要被植物的刺扎到。北方山区最麻烦的是酸枣的刺，令人生厌。殊不知，酸枣长刺是为了保护自己，免遭动物的侵害。推而广之,凡有刺的植物恐怕都有这个“目的”。比如说仙人掌或仙人球吧,它们本来生长在沙漠中,由于干旱,叶子退化了,身体里储存大量水分,外面生长许多硬刺。如果没有刺,沙漠中的动物为了解饥渴,就会毫无顾忌地把仙人掌吞食。以上说的这类长刺的植物,完全是一种带武器的防身法。

有一类草本植物也长刺,它的刺并不硬,不能和酸枣类相比。但它的刺却非常特殊,刺是中空的,内含一种毒液。如果人、兽碰上了,刺就会自动断裂,把毒液注入外敌皮肤中,从而引起皮肤红肿或瘙痒。因此,野生动物都不敢侵犯它们。这种草中最典型的是蝎子草,属荨麻科,它们常生长在比较潮湿和阴凉的地方,多见于山沟或树林。

在山地采集植物标本时,往往见到一种极像石竹花的草本植物。但它与石竹不同的是:花瓣上部边缘有细深裂痕,远比石竹花裂得细而深;茎也比石竹要细;叶子对生,比石竹叶窄。可是当你用手拔它时,会感到它的茎黏糊糊的。原来在它的节间表面分泌有黏液,好像涂了胶水一样,这种植物叫瞿麦。这种黏性的茎,可以防止爬行的昆虫沿茎爬上危害上部的叶和花。虫子爬到黏液处均被粘着而动弹不得,不少虫子为此而丧生。

有些植物的叶子是对生的,但叶基部扩大相连。从外表看上去,茎好像是从两片相接的叶中穿出来似的,在两叶相接处还形成凹状,下雨时,里面可以储存一些水。原来这水也有用,如果害虫沿茎爬上来,遇上“汪洋大海”,不可逾越,从而保住了植物上部的花和果。这种植物名叫续断。

还有很多有毒植物,它们不仅对人有毒,而且对动物也一样。有的毒性很大,例如乌头的嫩叶、藜芦的嫩叶,如果牛羊吃了这些叶子,即会中毒而死。有趣的是,牛羊似乎也知道这些叶子有毒,因此避开而不食。有毒植物大多含有生物碱,味道不好,这也是植物自卫的重要方法之一。银杏、樟科植物很少有虫危害,因为这些植物含有防虫的化学成分。樟树含的樟脑本身就是治虫妙药。

植物抵抗动物的危害,大多是静态的。但食虫植物中的捕蝇草,虽能利用叶子闭合起来抓虫,但目的是以虫为食料来增加营养。

世界上真有吃人的植物吗

自然界里，动物吃人，时有发生。那么世界上有没有吃人的植物呢？科学家回答，没有。至少目前尚未发现有吃人的植物。显然，这种回答大部分人相信了，但也有少数人并不满意，因为他们曾在某些刊物上见到有吃人植物的报道。

其实，这种吃人的植物是不存在的。不过，植物界里吃动物的植物却是有的，这种“吃荤”的植物主要是吞食一些很小的昆虫而已。据调查了解，世界上常见的吃荤的植物有500多种，在我国有30多种。

当然，自然界里有些植物为了防止人和动物对它们的侵犯，使出了各种各样的防身绝技。生长在罗马尼亚的一种琉璃草，它的叶子散发出来的气味，老鼠闻到后，开始是一反常态，猛烈跳跃，不久便一命呜呼了。原来这种气味含有一系列作用于神经系统的生物碱。为此，人们利用这些有效成分做成了灭鼠药。野土豆的叶子长着许多“毛发”，当害虫踏进它的“领土”时，“毛发”头部会裂开，分泌出黏液，捆住害虫的手脚，使它动弹不得，活活饿死。

我国海南岛生长着一种叫火麻树的植物，还有草本的蝎子草等，都是荨麻科的植物，这类植物的叶子上都有刺毛。当人们碰到刺毛时，它的头部被折断，刺尖随即扎进皮肉，这时管内毒汁马上放出。由于这些毒汁里含有特殊的酵素、蚁酸、醋酸、酪酸和含氮的酸性物质，人和动物的皮肉受到刺激后，便会产生剧痛，紧接着很快红肿，奇痒难熬。

据说在南美洲亚马孙河流域的原始森林里，常有一些不知名的植物，散发着各种各样的诱人芳香，实际上这些香味里含有多种毒素，甚至能把人熏昏倒。而热带森林里又藏有大量形形色色的毒蚂蚁和毒蜘蛛，这些可恶的昆虫，趁人昏倒之际，蜂拥而上，把人毒死后吃个精光。这样的不幸遭遇，常常发生在探险家身上。由此可见，植物的有毒气味把人熏倒在先，毒蚂蚁、毒蜘蛛吃人在后。所以置人于死地的并不是植物本身，而是那些有毒的昆虫。但是,植物在其中充当了有毒昆虫“吃人”的帮凶却是事实,不了解内情的人会误认为有些植物是会吃人的。

漆树里的漆是从什么地方流出来的

人们住的房子、用的家具和器具,总要涂上各种颜色的漆,不仅美观而且耐用。在这些漆中,其中重要的一种漆是从漆树里割取的,称为“生漆”。

很久以来,人们就知道用漆来保护家具或器具。生漆对器物、家具等之所以有显著的保护效能,是因为它能耐碱、耐酸和防止其他化学药品的腐蚀,同时也能耐高温。因此,人们都称赞生漆是一种优良的防腐防锈涂料。

生漆是漆树上分泌的一种乳白色胶状液体。在漆树的树干里,有许多小管道,里面充满了内含物。如果把树皮割开后,就会有乳白色的汁液从漆液道里流出来,流出来的漆液与空气接触后起氧化作用,表面逐渐变为栗褐色,最后变为黑色,同时也变得黏稠起来。漆液里含有一种重要的化合物质叫漆酚,一般含量为40%~70%。漆酚含量越多,漆就越好。

漆有个怪脾气,就是它需要在湿润的大气中干燥和硬化,而不是在干燥的大气中干燥和硬化,同时也不能用加热的方法来使它加速干燥和硬化,这是氧化作用的缘故。

漆树通常生长5~6年就可开割取漆。如果管理得好,割漆方法正确,一棵漆树可以一直割50~60年之久。

为什么从松树里能取出松香

在日常生活中,我们常常要跟松香和从松香中提炼出来的松节油打交道。如果你走路或打球时不小心伤了筋，医生就给你擦些松节油，帮助血脉流通；演奏胡琴的时候，用松香抹抹琴弦，就会增进乐器的声响；印刷用的油墨和各种油漆，都掺有松节油。松脂（包括松节油、松香和其他化学成分）还是一些工业产品的重要原料。

但也许你没有想到吧，这种珍贵的工业原料，却是从松树里取出来的。

松树里为什么含有这种东西呢？

松树的根、茎和叶子里面，有许许多多细小的管道，这是它们在生长过程中所形成的细胞间隙。这些管道衔接起来，组成了一个纵横交错、贯穿整个身体的完整的管道系统，叫作树脂道。这些树脂道都是由一层特殊的分泌细胞围合起来的。分泌细胞在松树的生理代谢过程中能够制造松脂，并不断地输送到管道里储藏起来。每当松树受到伤害的时候，松脂就从管道里流出，很快地把伤口封闭起来。松脂中有些物质，还能挥发到空气中，杀死有害病菌，使树木少生病。可以说，松树产生松脂实际上是它的一种保护机能。

由于松树的树干里含有松脂，所以松材的耐腐性很强，是一种重要的建筑材料。

为什么要了解有毒植物

不同种类的植物，由于它们不同生理活动的结果，造成它们体内积聚着不同性质的物质。例如芹菜、菠菜和芫荽的叶子，味道不同，就是这个原因。有些植物积聚的是有毒物质，进入人畜体内，能发生毒性作用，使组织细胞损坏，引起机能障碍、疾病或死亡，因此称为有毒植物。

植物中有毒物质的种类和性质很复杂，这里只谈一些比较重要的。从化学性质来讲，植物的有毒物质主要有植物碱、糖苷、皂素、毒蛋白和其他还未查明的毒素等。植物碱是植物体内一些含氮的有机化合物，如烟草的叶子、种子内所含的烟草碱，毒伞蕈所含的毒伞蕈素；糖苷，是糖和羟基化合物结合的产物,如白果和苦杏仁种子内所含的苦杏仁苷;皂素是一种很复杂的化合物,溶入水中后,摇晃一下能产生泡沫,如瞿麦的种子所含的瞿麦皂素;毒蛋白是指具有蛋白性质的有毒物质,如蓖麻种子内所含的蓖麻蛋白,巴豆种子内的巴豆素。有毒物质在各种植物体内不仅性质不同,分布的部位也不同,有的只一部分有毒,有的全株各部分都有毒,有的在同一株植物的不同部位含有不同程度的有毒物质。有毒植物还因植物的年龄、发育阶段、部位、季节的变化、产地和栽培技术等的不同而含量不同。

白果和苦杏仁种子内含有的苦杏仁苷,溶解在水里,能产生氢氰酸,毒性很大,小孩吞食少量,就会丧失知觉,中毒死亡。马铃薯在见光转绿后或抽芽时,在这些部位产生一种叫"龙葵精"的毒素,人吃了会引起中毒,发生呕吐、腹泻等症状。其他如桃仁、蓖麻种子等,食用后都会引起中毒。懂得了这些道理,就可以预防中毒和采取各种急救措施。有些有毒植物是可以把毒素去掉以后加以利用的,一般来讲,野菜经过水的浸洗或煎煮后再浸泡,把涩味、苦味除去,就能除去毒性;当然,也有些植物如毒伞蕈,不论怎样浸洗煎煮,都不能除去毒性。因此,不认识的植物,必须了解后才能食用,以免误食后发生中毒。

有些植物所含的有毒物质,特别是属于植物碱性质的,可以用来制造药品。例如,颠茄和曼陀罗的叶子和根含有莨菪碱和阿托品,有毒,能使人兴奋、昏迷等,但在医学上少量应用时,却成了治疗风湿、气喘、腹绞痛等病的药剂;曼陀罗的花就是古代中医用作麻醉剂的洋金花;罂粟果实所含的吗啡,中毒时能引起呼吸麻痹,但在医学上适量应用时,却成了镇痛止咳的药剂。因此,了解哪些植物是有毒的及它们体内含有什么样的毒素,是有重大意义的。

为什么有的植物会放电

说植物身体里也有电,你觉得奇怪吗?

植物和动物都是生物。生物体内的生命活动,有时会产生电场和电流,叫作“生物电”。在有些动物身体中,这种现象特别明显。例如一种叫电鳗的鱼类,它可以用这种生物电去击捕小动物,作为自己的食料。

植物体内的电都很微弱,不用很精密的仪器是难以察觉的。但微弱不等于没有。

那么,植物体内的电是怎样产生的呢?植物产生电流的原因很多,大多是在生理活动的过程中产生的,例如在根部,电流可以从一个部位向另一个部位周转。引起电流流动的原因是根细胞对于矿物质元素的吸收和分布不平衡的关系。假如把豆苗的根培植在氯化钾溶液中,氯化钾的离子就进入根内,钾离子在根内向尖端处细胞集中,由此产生上部细胞内阴离子的浓度高,而根尖阳离子多,结果,电流就向阳极移动。

但这种电流的强度很小,据计算,需要1000亿条这种根发的电,才可以点亮一盏100瓦的电灯。所以,有的人把这种根的发电,比做一台微型发电机。

由于科学技术的不断发展,如今已把生物电作为一项专门的学科来研究了。这门新学科叫“电生理学”。

为什么有的植物会发光

夏天,在树林里或草丛中,萤火虫飘飘逸逸地以它美丽的闪光和星星相映,这是大家都知道的生物发光现象。然而,植物也会发光,你见过吗?

若干年前,在江苏丹徒县,有很多人看见几株会发光的柳树。白天,这些在田边的腐朽树桩丝毫不引人注目,可是到了夜间,它却闪烁着神秘的、浅蓝色的荧光。即使狂风暴雨、严寒酷暑也经久不息。

这些普通的柳树怎么会发光呢?经过研究终于解开了疑团。原来,会发光的不是柳树本身,而是一种寄生在它身上的真菌——假蜜环菌的菌丝体发出来的。因为这种菌会发光,人们给它取名叫“亮菌”。这种菌在苏、浙、皖一带分布很普遍，它专找一些树桩安身，长得像棉絮一样的白色菌丝体吮吸着植物的养料，吃饱了就得意地闪着光。只因为白天看不出来，人们对它往往是相见不相识罢了。今天，你在药房里看到的“亮菌片”“亮菌合剂”就是用这种发光菌做的药，对胆囊炎、肝炎还有相当的疗效。

如果你是一位海员，在漆黑的夜晚，有时会看到海面上有一片乳白色或蓝绿色的闪光，通常称作海火。深海潜水员也会在海底遇见像天上繁星般的迷人闪光，真是别有洞天啊！原来，这是海洋中某些藻类植物、细菌以及小动物成群结队发出的生物光。

据说1900年法国巴黎国际博览会上，光学馆有一间别开生面的展览室，那儿没有一盏灯，却明亮悦目。原来是一个个玻璃瓶中培养的细菌发出的光亮，令人惊叹不已。

植物为什么会发光呢？是因为这些植物体内有一种特殊的发光物质——荧光素和荧光酶。生命活动过程中要进行生物氧化，荧光素在酶的作用下氧化，同时放出能量，这种能量以光的形式表现出来，就是我们看到的生物光。

生物光是一种冷光，它的发光效率很高，有95%的能量转变成光，而且光色柔和、舒适。科学家受冷光的启迪，模拟生物发光的原理，便制造出了许多新的高效光源来。

为什么风流草会跳舞

人们在广西发现了一种会跳舞的植物，它叫舞草或者风流草。是豆科的多年生的小灌木，开紫红色的花。

舞草有三出复叶，还有一对侧小叶。侧小叶只有2厘米长，然而它却能做出300°的大回环；或是怡然自得地上下摆动。虽然它们有时动作快，有时动作慢，但总是那样富有节奏感。奇妙的是，有时一片侧小叶轻轻向上，另一片侧小叶轻轻向下，宛若优美的舞蹈动作。有时两片小叶同时向上合拢，然后又慢慢平分开来，好似蝴蝶轻展双翅。如果许多侧小叶同时起舞的话，山谷里小叶此起彼伏，令人惊叹不已。舞草不需要像含羞草那样，要有外界刺激才能合拢，它不需要任何刺激就能在那里自由自在地舞动起来，煞是招人喜爱。

夜晚，舞草休息了。它的小叶子垂下来，就像一把合起来的小刀。它为什么要采取这种姿态呢？因为白天为了进行光合作用要维持增大面积，展开叶片的姿态，这要消耗能量。夜晚采用这种姿态就可以减少一些能量的消耗了。

不过，即使是在夜间睡觉，舞草仍不忘记跳舞。只是速度慢多了。

舞草为什么要跳舞，至今是个谜。人们目前只是处于猜想阶段。

200多年前，人们就发现了舞草，在我国华南、西南，以及印度、缅甸、越南、菲律宾等国都有分布。

舞草还是中草药，它能舒筋活络，还能祛痰，“特长”还不少呢！

为什么猪笼草能“吃”虫

难道草也会像青蛙那样张开大嘴去吃虫子吗？

是的！这种草叫猪笼草，它的故乡就在我国广东南部以及云南等地。

猪笼草足有3米多高，是一种常绿半木质藤本小灌木。长相最奇特的是它的叶子，叶子的底部是绿颜色的，样子扁平，很像一般植物的叶子；中间却是一根像绳索一样的细藤，可以卷在或挂在其他植物身上；顶部最奇特，从细藤上竟长出一个花花绿绿的小瓶子来，这瓶子上小下大，也像个袋子，它的样子很像我国南方人运猪用的笼子，所以得名“猪笼草”。这种草大约有大约70个品种，所以瓶子的形状和颜色也变化多端，有圆筒状的、壶形的，甚至漏斗形的，还有的小巧玲珑，不过3.3厘米长，大的足有40厘米。这些瓶子把自己打扮得非常漂亮，金黄、紫红，甚至有精美的花纹，凭借一身华丽，就可以把那些小虫子们吸引过来了。

猪笼草吃虫的秘密就在这个瓶子里。

瓶子上面有个小盖子，盖子下面布满了蜜腺，能分泌出香甜诱人的蜜汁，可是瓶口却有点倾斜，瓶子内壁上的蜡质，极为光滑；内壁的下部，有许多凸出的消化腺，能分泌出许多消化力极强的消化液。

在风和日丽的晴天里，贪吃的虫子闻到香甜的蜜汁味，便飞到猪笼草的瓶子上大吃特吃，可是由于那有点倾斜的瓶口，它一不留神，就失足滑了下去。一直滑到瓶底，一下子被瓶底的消化液牢牢粘住，那光滑的内壁使虫子根本爬不出来，瓶子的盖子也很快地盖上了。那具有强消化能力的消化液不一会儿就麻醉了小虫子，使猪笼草大饱口福了。

消化液的成分相当复杂，其中一种化学物质是胺，它能使昆虫麻痹；另一种是毒芹碱，能使昆虫中毒死亡。植物学家曾观察过猪笼草怎样吃掉蜈蚣，那条蜈蚣浸在消化液中，很快被腐蚀成白色。如果摘下小瓶子仔细看，里面有许多小昆虫，有的还在挣扎，有的已死去，有的早腐烂了。猪笼草就是靠吸收这些腐烂昆虫的汁液来生活的。

再例如捕蝇草，它的叶片呈椭圆形，沿中脉分成两瓣，像撑开的两片蚌壳。叶片平时撑开，叶面上有许多敏感的腺毛，叶片的边缘有许多齿状的刚毛。当昆虫落到叶片上时，触动敏感的腺毛，蚌壳状叶片就会猛然合拢，叶缘的齿状刚毛紧密地交叉扣合，把虫包裹在里面，然后慢慢地把昆虫加以消化。

柔软的水生植物狸藻的茎上生有许多小囊。每个囊有一个口，口周围有倒生的刚毛，昆虫能进不能出。

毛毡苔植株很小，叶子平铺在地面上，在它那紫红色的叶片上长着许多长长的腺毛。腺毛经常能分泌出一种黏液来，胶黏性很强，而且还有些甜味和香气，这种黏液即使在烈日的照射下，也不会晒干。蚂蚁和蝇虫类闻到了这种香味，落到或爬到它的叶子上来时，它的叶子就会立刻弯下去，把许多腺毛聚在一起，捕住小虫，经过1～2小时以后，蚂蚁等昆虫就被叶子消化吸收掉了。原来，这种分泌出来的黏液，具有消化的功能，它的叶子又有吸收的能力，所以能够把虫子消化吸收掉。

你相信吗，毛毡苔还有鉴别能力呢！如果你把一块小石砾或其他不能消化的东西放上去，叶子的腺毛是不动的。

毛毡苔和与它同类的茅膏菜，生长在山崖旁边阴湿润泽的地方或石面上，如果把它移植到盆中，喂以小碎肉，它会生长得很好。但喂的肉块不宜太大，否则就会得“消化不良”的毛病，而使叶子枯死。

为什么水葫芦被称为“宝葫芦”

在城市和郊区，越来越多的河流、湖泊受到工厂排放的污水、居民生活污水的破坏，清澈变为浑浊，洁净变成肮脏；鱼类死掉了，小鸟飞走了。

而植物具有真正的净化污水的本领。水葫芦就是其中出色的一位。

水葫芦的样子充满生机，油亮亮的碧绿色叶子密密麻麻挤满水面，淡紫色的花朵非常好看。叶柄的中下部忽然膨大起来，圆鼓鼓的就像只水中的葫芦。这里面其实是一种像海绵一样的组织，含有大量空气，能使整个植物像只小船似的在水上轻快地漂浮着。它的根长长的，就像一大把胡须。它的故乡是拉丁美洲的委内瑞拉，不过，现在水葫芦已经漂游了50多个国家了。

水葫芦喜欢在水流缓慢的地方安安静静地生长。它生命力非常强，而且令人惊讶的是，在自然环境里，没有能伤害水葫芦的病、虫和天敌。只要环境适宜，仅仅10株水葫芦在8个月内竟能繁殖到60万株！亩产10万千克以上。肥效相当于1000～2000千克化肥。是紫云英、花苜蓿等绿肥的三四十倍。

水葫芦对水中的有害物质酚、铬和镉的去除率比一般水生植物分别高16%、25%和8%。而且，水葫芦的绝妙功夫是能对酚、氰加以分解，降低了它们的毒害作用。

在水葫芦生长的地方，能污染水体的直藻、硅藻和颤藻的数量大大减少了，而鱼类的食品——浮游生物的数量和种类却显著增加了。所以，鱼类迅速生长，产量明显提高，青蛙、乌龟都喜欢到这里来生活。

另外，水葫芦能从水体中吸取金属物质。一亩水葫芦每四天就能在采矿废水中吸取75克银，对金、汞、铅、镍等金属的吸取效果也近似。用它清除江河和工业废水中的有毒物质，经济又有效。

水葫芦还能有效地吸收水中的氮和磷。在水葫芦茂密的地方，每平方米水面上的水葫芦每天能从水体中摄取2.4克的氮素，每吨叶子可摄取2.45千克的氮素，每吨根可摄取3.28千克的氮素。

水葫芦对砷也有一定的吸收和积累能力。另一试验表明，每千克水葫芦在7天内可去除258毫克的有机污泥。

很多国家都在大量繁殖水葫芦，因为它是最经济的天然净化污水的"宝葫芦"。

为什么查理曼蓟菊被称为"天气预报员"

查理曼蓟菊的故乡在意大利，它的拉丁名字历史悠久，名字的前半部分是它的属名，是从查理曼大帝的姓氏而来，他曾用这种草来医治创伤。名字的后半部分为"无茎的"意思。

查理曼蓟菊真的无茎吗？不，它有茎，但长在地下。它的叶子宽长，上面有刺，样子像个莲花底座。开花时节，从叶丛中伸出一个大花葶，在花葶的顶端，长出一朵大花来。最奇妙的是，这花是个准确无误的"天气预报员"，它会报告给人们天气是晴朗还是有雨天。

当天气晴朗时，大花舒舒展展，露出圆盘状的花序，好像在晒太阳；当空中出现乌云，马上要下雨时，查理曼蓟菊花序外面的许多片苞片就自动向上、向里靠拢起来，慢慢地紧紧合抱在一起。一朵怒放的大花就成了一个含苞待放的"花蕾"了。天晴之后，它就又舒展开了。

正是查理蔓蓟菊这种对空气湿度极为敏感的特点，使它成为人们观测天气的助手。

树木篇

树木怎样度过严寒的冬季

大自然里有许多现象是十分引人深思的。例如，同样从地上长出来的植物，为什么有的怕冻，有的不怕冻？更奇怪的是松柏、冬青一类树木，即使在滴水成冰的冬天里，依然苍翠挺拔，经受得住严寒的考验。

其实，不仅各式各样的植物抗冻力不同，就是同一株植物，冬天和夏天的抗冻力也不一样。北方的梨树，在-20～-30℃时能平安越冬，可是在春天却抵挡不住微寒的袭击；松树的针叶，冬天能耐-30℃的严寒，在夏天如果人为地降温到-8℃就会冻死。

是什么原因使冬天的树木变得特别抗冻呢？这确实是个有趣的问题。

最早国外一些学者说，这可能与温血动物一样，树木本身也会产生热量，并有导热系数低的树皮组织加以保护的缘故。以后，另一些科学家说，主要是冬天树木组织含水量少，所以在冰点以下也不易引起细胞结冰而死亡。但是，这些解释都难以令人满意。因为现在人们已清楚地知道，树木本身是不会产生热量的，而在冰点以下的树木组织也并非不能冻结。在北方，柳树的枝条、松树的针叶，冬天不是冻得像玻璃那样发脆吗？然而，它们都依然活着。

那么，秘密究竟在哪里呢？

原来，树木的这个本领，它们很早就已经锻炼出来了。树木为了适应周围环境的变化，每年都用“沉睡”的妙法来对付冬季的严寒。

我们知道，树木生长要消耗养分，春夏树木生长快，养分消耗多于积累，因此抗冻力减弱。但是，到了秋天，情形就不同了，这时候白昼温度高，日照强，叶子的光合作用旺盛；而夜间气温低，树木生长缓慢，养分消耗少，积累多，于是树木越长越“胖”，嫩枝变成了木质……逐渐地，树木也就有了抵御寒冷的能力。

然而，别看冬天的树木表面上呈现静止的状态，其实它的内部变化却很大。秋天积贮下来的淀粉，这时候转变为糖，有的甚至转变为脂肪，这些都是防寒物质，能保护细胞不易被冻死。如果将组织制成切片，放在显微镜下观察还可以发现一个有趣的现象。平时一个个彼此相连的细胞，这时细胞的连接丝都断了，而且细胞壁和原生质也分开了，好像各管各的一样。这个肉眼看不见的微小变化，对提高植物的抗冻能力竟然起着巨大的作用。当组织结冰时，它就能避免细胞中最重要的部分——原生质受细胞间结冰而遭致损伤的危险。

可见，树木的“沉睡”和越冬是密切相关的。冬天，树木“睡”得越深，就越忍得住低温，越富有抗冻力；反之，像终年生长而不休眠的柠檬树，抗冻力就弱，即使像上海那样的气候，它也不能露天过冬。

树木有性别吗

树木有性别吗？这对不少人来说还是个谜。其实，我们平常所说的树木间的传粉现象，就是植物性生活的表现。而热心的风大姐和繁忙的蜂蝶等昆虫，则是植物界“男婚女嫁”的“媒人”。

人类真正对树木性别有科学的认识，是在17世纪显微镜发明以后。1682年，一个叫格罗的人第一次明确指出：植物的雄蕊是花中的雄性器官，花粉落在柱头上能促进果实的生长。1694年，另一个叫卡美拉鲁斯的人经过深入研究发现，如果雌桑树周围没有雄树生长，就只能形成败育的种子。

他又用其他植物做进一步试验，最后得出结论：花药是植物的雄性器官，而柱头、花柱、子房是雌性器官。至此，人类对植物性别的科学认识，才算是真正拉开序幕。

随着科学的发展，人类对植物性别的认识有了越来越深入的了解。花作为树木的生殖器官，有两性花和单性花之分。两性花的雌蕊和雄蕊长在同一朵花里，如苹果、桃、李、椴、槐、桉树等。单性花是指只有雌蕊或只有雄蕊的花。有些树木的雌花和雄花是长在同一植株上的，这样的树木是无性别之分的。它的雄花长在枝条的基部，而雌花则长在枝条的端部，如柏、杉、胡桃、榛、桦、椰子树等均属此类。雌雄器官都长在同一植株上的，称为雌雄同株。其中具有两性花的称为雌雄同株同花；具有单性花的称为雌雄同株异花。而有些树木，其雌花和雄花分别长在不同的植株上，我们称为雌雄异株，如杨、柳、杜仲、月桂、羽叶槭、黄连木等。有时单性花和两性花同时生于一植株上，有时又分开生于不同的植株上，我们称为杂性花。深入了解树木性别是极其重要的，为了提高坐果率，得到饱满的种子，就需要采取措施，确保树木性生殖过程的顺利进行。

怎样判断树木的年龄

树木都是比较长寿的。自然界中常有许多百年以上的大树，甚至也有上千年的古树，要知道它们的年龄，乍一看，好像是件难事。可是，当人们了解了树木的生长特性以后，也就可以大体地说出一株树木的年龄来。“数年轮”就是一种很好的方法。

年轮，顾名思义，就是树木茎干每年形成的圆圈。在树木茎干的韧皮部内侧，有一圈细胞生长特别活跃，分裂也极快，能够形成新的木材和韧皮组织，被称为形成层。可以说，树干的增粗全靠它的力量。这些细胞的生长情况，在不同的生长季节有明显的差异。春天到夏天的天气是最适于树木生长的，因此形成层的细胞分裂较快，生长迅速，所产生的细胞体积大，细胞壁薄，纤维较少，输送水分的导管数目多，称为春材或早材；到了秋天，由于形成层细胞的活动逐渐减弱，产生的细胞当然也不会很大，而且细胞壁厚，纤维较多，导管数目较少，叫作秋材或晚材。

选一段从大树树干上锯下来的木头观察，你可以发现，原来树干是一圈圈构成的，而且每一圈的质地和颜色有所不同。通过上面的分析，我们可以断定：质地疏松、颜色较淡的就是早材；质地紧密、颜色较深的就是晚材。早材和晚材合起来成为一圆环，这就是树木1年所形成的木材，称为年轮。按理说，年轮1年只有一圈，因此根据树木年轮的圈数，我们就很容易知道一株树的年龄了。但是，也有一些植物如柑橘，年轮就不符合这种规律，我们叫它为“假年轮”，因为它们每一年能够有节奏地生长3次，形成3轮。因此，不能把它当成3年来计算。

年轮，可以说是树木年龄的可靠记录。

可是话得说回来，年轮并不是了解树木年龄的唯一法宝。因为不是所有树木的年龄，都可以用数年轮的方法来测知的，只有温带地区的树木，年轮才较显著。热带地区的树木，由于气候季节性的变化不明显，形成层所产生的细胞也就没有什么差异，年轮往往不明显。因此，要想推算它的年龄当然也就比较困难了。

树木的年轮是怎样形成的

人们都有这样的常识：要想知道大树的岁数，只要看看大树横断面有多少圈就行了，那个圈叫作年轮。

年轮长在树中间，要想知道年轮，就要把大树砍断，那有多可惜啊！实际上，聪明的人们已经发明了一种专门的钻具，可以从树皮一直钻到树中央，取出一个有全部年轮的薄片，就不用为了计算年轮而砍倒大树了。

一年轮既然代表一岁，那么它一定是在一年中形成的，那么大树是怎样在一年的四季里形成这圈年轮的呢？

在树皮和木质部之间有一层细胞。这层细胞排列得整整齐齐,不断地分裂出新细胞来。这样,年复一年,大树越长越粗壮。这层细胞就叫做形成层。

春天,阳光普照大地,雨水滋润着一切,树木舒枝展叶。这时,形成层分裂细胞极为旺盛,新分出的细胞又多又大。因此,这时形成的木材就显得疏松,颜色也浅。

等到入秋以后,天气变冷了,雨水也少了。这时,形成层分裂细胞的速度就减慢了,分裂出来的细胞个头小,颜色深,质地细密。一个年轮就形成了。

年复一年,年轮不停地扩大着,小树也渐渐长成历尽沧桑的老树了。

年轮是树木对大自然千变万化的最真实的记载,人类若想研究它,改造大自然,年轮提供的记载将是最宝贵的第一手资料。

英国有张古时传下来的珍贵的大圆桌,为了鉴定它的确切年代,考古学家根据木材的加工技术来确定,可惜没有满意结果;历史学家翻开一页页资料,也没能找到它的出处;甚至动用物理学家用放射性碳同位素来确定,仍无确切结果;最后还是植物学家根据桌面纹理——年轮,结合碳同位素测定资料,令人信服地确定出此桌制于1336年。

在气候学方面,年轮更加大显身手。

美国科学家根据年轮的变化,发现美国西部草原每隔11年发生一次干旱。根据这个规律,他们准确地预报了1976年的大旱。

我国气象工作者根据对祁连山一棵古圆柏的年轮的研究,竟推算出我国近千年来的气候以寒冷为主,17世纪20年代到19世纪70年代是几千年来最寒冷的时期,历时250年。

年轮对于地方病的成因、环境被污染的历史、地震的时间和强度都有着精确的记录;在浩瀚的大海中沉睡的历代沉没的船只,史学家根据木船的花纹等诸因素就可以确定出沉船遇难的年代等。因为这种种原因,我们要去认识年轮,在科学的诸多领域中,年轮将会对人类提供更多的帮助。

为什么桉树会“下雨”

在森林里，有许多奇怪的事情。有时圆圆的月亮高高地挂在天空，可是桉树林里竟然悄悄地下起雨来。你知道这是为什么吗？

在森林里，不仅桉树会“下雨”，其他的茂密树林也会“下雨”。这是因为树的根从土壤里吸收水分，又通过叶子散发到体外。它们不断地吸收，又不断地散发，这样就增加了树林内外的空气湿度。当夜里气温低时，被散发到空气中的水蒸气就凝结成水滴，落在树木的枝叶上。当水滴多了，枝叶挂不住了，就滴下来。这样大片的桉树林和茂密的树林就悄悄地下起雨来。

为什么树木需要水

没有水就没有生命，这是人所共知的事实。水是决定植物生长的重要条件，这是自然现象。水对树木个体和森林群体的作用又有什么特殊意义呢？这是大自然的秘密，复杂而有趣。

水和生命是紧密联系在一起的。在生理活动旺盛的细胞中，原生质的含水量是很高的。当细胞含水量减少时，原生质的胶体由流动的流胶状变成了半固态的凝胶状，因此，细胞中各种生理活动也随之减弱。树木体内的含水量一般是幼龄树高于成年树。通常叶子的含水量为80%~90%，根尖、嫩梢及幼苗的含水量高达90%，休眠芽为40%，休眠的干种子只有7%~12%，树干的含水量为50%左右。从不同器官的含水量的差异可以看出：凡是生理活动旺盛的部分，都具有较高的水分含量。

在干燥的土壤中播种，种子是不能发芽的，更不会长成小苗。必须有适量水分、适宜的温度和良好的通气条件，种子才能发芽、成长。这些条件首要是水分。因为当干燥的树木种子吸水膨胀后,种皮软化破裂,有利于氧气进入,促进种子呼吸。水分是参与呼吸化学反应的重要物质之一,而呼吸放出的能量则为种子进行生理变化提供了动力。种子内大分子储藏物质必须被水分解为简单的有机物质,才能供发芽之用。种子吸水后,各种酶的催化活性增强了,种子中大分子物质在水分饱和的状态下进行水解反应,种胚在水分饱和下经过细胞分裂、生长和分化,使得胚根和胚芽正常生长。

无性繁殖,保证水分充足和适量是关键,要保持活细胞正常生理活动必须有充足的水分。苗木对水的需求仍是十分重要的,因为在叶子进行光合作用中水分参与生理活动;光合作用产物要在水溶液中运输;叶绿素的形成必须有充足水分;矿物质养料通过土壤溶液被根系吸收,并输送到植物体各部分;树木生长是在细胞内原生质含水量相当高的情况下进行的,水分不足会抑制细胞的分裂和生长,水分过多对树木生长也是不利的。它使根系呼吸减弱,呼吸功能衰退,被迫进行缺氧呼吸,产生乙醇、乙醛、乳酸等有害物质。

水既是构成树木的必要成分,又是树木赖以生存的必不可少的生活条件,所以只有在一定的水分条件下,树木才能健康生长。

为什么白桦树皮会呈白色

到过东北大森林的人,往往会被笔直耸立的白桦树所吸引。那光滑的白色树皮,加上无数红褐色的小枝,再衬上碧绿青翠的叶子,迎风摇曳,姿态异常优美。

为什么白桦树皮会呈白色呢?在日常生活中,人们把从树干上削下来的一层皮叫树皮。但在植物学上,树皮是指树的最外面一部分,叫作周皮。周皮是一种保护组织,可分为3部分,从内向外分别为栓内层、木栓形成层和木栓层。木栓形成层能不断地进行细胞分裂,向内分裂形成栓内层,向外分裂形成木栓层。组成木栓层的细胞叫木栓细胞，由于木栓细胞壁上有一层特殊的褐色物质(叫木栓质)，因而使细胞成为褐色。木栓细胞都是死细胞，细胞腔内充满空气，不透水、不透气，但可以保护植物不受外界恶劣环境的侵害。

许多植物的木栓层非常发达，而且有不同的构造。有的是一层一层的，容易剥落，如油松、红松等；有的成为一块一块的，像乌龟壳，如槐树等；还有一种树叫栓皮栎，它的木栓层非常厚，可达10多厘米。我们使用的软木塞，就是用栓皮栎的木栓层加工制造的。

但是，白桦树的周皮发育却比较特殊。当木栓形成层不断向外分裂时，木栓层的颜色也是褐色的。但在这些褐色木栓层的外面，还含有少量的木栓质组织，这些组织的细胞中含有大约1/3的白桦脂和1/3的软木脂，而这些脂质均是白色的。由于这些脂质是在周皮的最外层，因而树皮便成为白色的了。木栓质是重叠生长的，和里面的木栓层容易剥离，这就是人们常说的桦树皮。

白桦树皮有很多用途。它呈白色，能撕得很薄并卷成卷，可以当纸用。因为它含有大量的油脂类化合物，易燃，在东北地区一直作为引火柴。

最近研究发现，桦树皮内还含有许多有价值的化合物，有清热解毒作用，可入药治咳嗽等。

为什么树木能减弱噪声呢

当你在街上行走，一辆辆卡车按着高音喇叭急驶而过，会吵得你心烦意乱。可是，一旦你走到一排枝叶茂密的树木背后时，就立刻觉得噪声变得轻多了。这就是树木减弱噪声的效果。

为什么树木能减弱噪声呢？

如果你注意一下剧院或电影院内的墙壁，一定会发现这种墙壁很粗糙，凹凸不平。这是为了减少墙壁的回声而设计的。当舞台上的声音传到墙壁时，粗糙的表面会吸收大部分的声音，场内的观众就不会受到回声的干扰了。

树木有浓密的枝叶，比粗糙的墙壁吸收声音的能力更强。当噪声的声波通过树木时，树叶就会吸收一部分声波，使噪声减弱。有人做过测定：10米宽的林带可以减弱噪声30%，20米宽的林带可以减弱噪声40%，30米宽的林带可以减弱噪声50%，40米宽的林带可以减弱噪声60%。

如果在马路两旁种上行道树，那浓密的树冠不仅能遮挡夏天烈日的暴晒，还能阻隔一部分噪声，使路旁楼房的住家少受吵扰。

树林茂密的公园或绿地，更能提供幽静的环境。

树木，确实可以称作是"天然的消音器"。

红树为什么能"胎生"

在热带和亚热带的沿海地区，汹涌的海潮日夜不停地冲击着海岸，把岸边的岩石、泥沙以及弱小的生命统统裹挟到浪涛中，然后退入大海。

一般的植物在这狂躁不宁的海洋边和又苦又咸又涩的海水中是无法生存的。但红树林却能独领风骚，在靠近海岸的浅海地区，形成一片片绵密葱郁的海上森林，狂风巨浪对它们也无可奈何。它们那露出水面的部分繁茂苍翠，地面和地下纵横伸展着各种各样的支柱根、呼吸根、蛇状根等，形成了一道抵挡风浪、拦截泥沙、保护海岸的绿色长城。它们任凭风吹浪打，潮起潮落，始终坚不可摧，巍然不动。就连多次跑到别国打仗、善于丛林作战的美国士兵部队都说它们是"铜墙铁壁"。

这座海上长城由红树、红茄冬、海莲、木榄、海桑、红海榄、木果莲等十几种常绿乔木、灌木和藤本植物组成。它们的叶子其实仍是绿的，只是用树皮和木材中的一种物质制成的染料是红色的，所以人们便把全世界分属于23个科的这类植物统称为红树。

红树在盐水浸透的黏性淤泥中生活得自由自在。在炎热的阳光照射下，退潮后，淤泥表面的水分很快蒸发，形成了一薄层盐壳，而下次涨潮又带来新的盐分。所以，红树的根喝的不是普通的水，而是浓盐水。盐水进入红树的茎干枝杈，使它通体是盐。幸好，大自然在它的叶子上分布了专门从体内吸收并排出多余盐分的盐腺，难怪红树的叶子上总有亮闪闪的结晶盐颗粒呢。叶子非常珍惜水，它的表面覆盖着一层厚厚的蜡质，水只能一点一点地慢慢蒸发。因为虽然它脚下有足够的水，可那些水实在太咸了，而植物汁液中的水已被淡化，是果实发育所必需的几乎全纯的淡水。没有淡水，种子就成熟不了，就要“胎死腹中”。

在这种严酷的环境中，红茄冬等植物形成了一种奇特的适应方法——胎生。一般的植物都是种子在母体内发育长大后，便挣脱“襁褓”，随着风、水或动物等旅行到远方。一旦自己完全成熟，做好了萌发的准备，又有了合适的水分、温度和空气等条件，就破土而出，开始新的一生。红茄冬却完全不是这样，它的种子几乎不休眠，还没有离开母体植物，便在果实中萌发了。它的胚根撑破果实外壳，露出头来，下胚轴迅速伸长，增粗变绿，和胚根共同长成了一个末端尖尖的棒状体，好像一根根木棍挂在枝条上。有的植物则像豆荚、像羊角、像纺锤、像细长的炮弹。子叶呢，拼命地吸取母体那清淡爽口而富于营养的汁液，但随着身体长大，它从母体吸取到的盐分也在不断增多。大树把自己的孩子养上半年左右，当种子萌发形成的幼苗长出几片叶子，根有几十厘米长时，一阵风吹来，它便把幼小的红茄冬从树上抖落，幼苗就垂直地掉了下去。这大概可以算是母体的“分娩”吧。

幼苗的重心在根的中部，所以它绝不会倒栽葱似的狼狈落下。此时若正涨潮，幼苗就直立着漂浮在水中，直到潮水退尽，它便在新地方安身立命，于是红茄冬的家族便占有了新的地盘。幼苗扎根于淤泥后，很快就会长出嫩叶和支柱根。它已经毫不惧怕苦咸的海水，因为它已在“母亲”身上习惯了这种盐水。

除盐水不利于红茄冬的种子成熟与萌发外，风大浪急也使幼小的根不容易扎牢。“胎生”方式能使红茄冬的后代积蓄足够的力量后，再去与险恶的海浪作斗争。这真是善于保护自己、巧妙对敌的高招啊。

为什么银杏被称为“活化石”

在古老的庭园、古庙或者大山之中，都可能会看到银杏高大茂盛的身影。夏初，银杏树会结出一簇簇淡青色、杏子样大小的种子，这就是银杏。

化石是古代生物由于各种突变，被埋藏在地下，经过高压、高温使生物体变成了生物形状的石头。那么茂盛的银杏树为什么被称作活化石？这要从它那不平凡的身世讲起。

它的历史足足有3亿年了。1亿多年前，浩瀚的银杏林覆盖了地球上绝大部分的土地。可是，3000年之后，由于各种新生植物不断滋生和发展，这古老的树种——银杏也不能违背自然的规律，渐渐走向衰退。

在那古老的年代，地壳还处于不稳定状态中，地球上发生了多次冰川作用。从北极南下的冰川掩埋了许多植物，致使不少植物种类灭绝，银杏在欧洲和北美洲全部毁灭了，在亚洲大陆也几乎绝种。

极为幸运的是，由于我国的山脉多为东西走向，对北极南下的冰川起了阻隔作用，这才使这一珍贵的古代植物幸存下来，使我们有幸观仰这上古时代的植物。银杏是世界上最古老的一个树种，是我国名副其实活着的“化石”。

银杏树的种子银杏，剖开后有恶臭，中皮骨质化，坚硬而且是白颜色的，因此银杏也叫白果。

银杏树是有名的“公”、“母”异树，就是说银杏树是分雌、雄性别的。雌、雄树借风传布花粉，即使相距3～4千米，也能借风授花粉而结果。我国古代劳动人民积累了鉴别雌株和雄株的经验，“其核（银杏核）两头尖，三棱为雄，二棱为雌”。

银杏树又被人们称作公孙树，因为银杏树生长缓慢，所以有“公公种树，孙子收果”的说法。而实际上，银杏在栽培后15～20年开始结果，壮年树每年可以收获50～100千克种子，400年以上的大树仍然可以硕果累累，是结果年限最长的果树之一。

为什么榕树能“独木成林”

史书里记载,有一支六七千人的军队,为了躲避炎热,找到了一棵大榕树。结果,所有的战士都躲进榕树的树荫,避免了难以忍受的炎热。

在我国广东省新会县,有一个被人们称作“鸟的天堂”的地方。这里的树林占地很大,里面栖息着无数的鹤和鹳,一早一晚,飞进飞出,壮观极了。然而这片被称作鸟的天堂的大树林竟是一棵繁衍成林的榕树。

粗大的榕树树干直径大约十几米,树枝也是那么粗壮挺拔,向四周使劲伸展着,使得树冠面积极大。榕树独木成林的原因在于它那粗壮的大树枝上会垂下一簇簇胡须似的“气根”。这些“气根”开始就是根细棍,可是它们只要接触到土壤,就会吮吸土壤中的营养成长壮大起来。结果,慢慢发展得和母树差不多一般粗了。

就这样,无数的“气根”连同母树一起繁衍不息,树冠也越来越大,古老的榕树就形成了一片壮丽的树林。

如果树冠好比一个巨大的房顶,那么这些气根就好比支撑起房屋的支柱,所以根据“气根”的作用,人们又把它叫作支持根。

榕树躯干雄伟,绿叶参天,如果没有一个庞大的根系,那榕树是不可能长成这样的。可以想象,那地下根的庞大和壮观是丝毫不逊于树木本身的。榕树的根极善于向四面八方蔓延,一直竭尽全力伸展到最深远的地方。根扎得越深,和土壤的关系越密切,才能使榕树枝叶越繁茂,巨大的树干才能安详而豪迈地屹立在大地之上。

榕树的种子并不起眼,黄豆般大小,可它生命力极顽强。即使落在悬崖峭壁上,依然能靠那石头缝里少得可怜的泥土成长。那些根像条条钢筋般攀附在石壁上,把石壁上的营养一点一滴吸收起来,输送到树身中去。

孟加拉国有一个著名的榕树独木林,树龄900岁,树高40米,侧枝600个,树冠的阴影超过42亩地。

为什么油棕树被称为"世界油王"

当你踏上我国南方宝岛——海南岛的时候,就可以沿着公路两旁看到一排排高大的树。叶子很像椰子树但不结椰子果,而是在其叶腋间结着一垒垒由拇指般大果实组成的果穗,这就是油棕树。

这种植物原产于非洲西海岸,喜高温多湿的环境,是一种热带植物。它被引入我国海南岛栽培已有近40年的历史,现在云南、广西等省区也有种植。

油棕的油用途是很大的,它的果实含有两种油:由果实外皮榨出的油叫棕油,可以作食用油脂和人造奶油,在工业上可作机器的润滑油、内燃机燃料、肥皂、蜡烛以及罐头工业薄铁片的防腐剂;由种仁榨出的油叫棕仁油,它是良好的食用油,又可制高级人造奶油以及高级肥皂、药剂、化妆品等。

油棕之所以称为世界油王,并不是由于它的用途广和经济价值高,而是它的单位面积产油量高。椰子算是世界上产油量高的植物吧,但它只有种仁含有油分,而油棕除种仁含有油分外,它的中果皮也含有油分,中果皮含有的油分比种仁含油分还略高(中果皮的含油量为45%~50%,种仁的含油量为45%)。

仅以油棕每亩产棕油(果皮榨出的油,种仁的油不计算在内)计算,比椰子高2~3倍,比花生高7~8倍,比大豆高9倍,比棉籽高几十倍,真不愧为"世界油王"。

为什么果树要修剪

山沟里的野生果树是从来不修剪的。但是,生长在果园里的果树,不修剪不仅产量很低，而且树冠结构紊乱，管理也极不方便。所以在果园里，果树每年要进行修剪，有些管理精细的果园，甚至一年还要剪好几次。

果树之所以要修剪，是因为：

第一，果树的发枝能力很强。像桃、苹果等果树的一个芽，一年可以长几次枝条。因此，如果不进行修剪，让它自然生长，树冠很快会密不通风，连阳光也透不进来。果树得不到足够光照，就不能形成很多花芽，产量必然很低。修剪可以解决果树发枝和光照的矛盾。

第二，各类果树各有各的结果特性。梨和苹果是以短果枝结果为主；水蜜桃却以筷子粗的长果枝结果为最好；苹果幼树多腋花芽结果，而成年树却转变为顶花芽结果，等等。为了使果树高产，我们就必须有目的地培养这类理想的结果枝条，利用修剪技术，去粗存精。将能结果的枝条多留一些，而无用的枝条则多剪去一些。

第三，有了花芽，有了结果枝条，如果果树没有坚强的骨骼，大枝都很细弱。即使结果枝条很多，也担不住多少果实，最后仍旧达不到最高产量。因此，还必须根据不同树种的生长特点，从小就要有目的地培养丰产树形，以便在一定范围内，果树能挑起最大产量的“重担”，而且使寿命延长。这也要靠剪枝去培养。

第四，果树还有一个大小年的现象，结过果的枝条，往往第二年结果很少，要休息一年，甚至两年。为使果树在高产基础上年年保持稳产，其中重要的条件，就是枝条的合理分工，使每年形成一定比例的结果枝和生长枝，内外长短配合好。在这一方面修剪技术也起着很大的作用。

此外，修剪还可以把树上的一些病虫枝剪去，减少病虫危害。

为什么果树要经过嫁接

水稻、小麦、番茄、辣椒和棉花等，都是用种子播种的。可是苹果、梨、桃子等果树，用种子繁殖出苗木后，都要经过嫁接，才能成为优良品种。这是什么道理呢?

据说很久以前,古人繁殖果树,起初用的也是播种法,他们将好吃的果子中的种子留下繁殖,心想种出来的果树,也像瓜一样能保留原有的优良品质;然而令人失望的是结果恰恰相反,这种果树结出来的果实总是与原来的不一样,几乎是种十株十个样,种百株百个样,而且品质多数变坏了。人们在当时虽找不出这是什么原因,但教训多了,以后也就慢慢地放弃了直接用种子繁殖的方法,改用了嫁接法繁殖。

今天,我们能够吃到多种多样的好水果,如温州蜜橘、莱阳梨、肥城桃等,它们在长期繁殖过程中没有发生变异,这都是嫁接法的功劳。

到了近代,随着科学的发展,这个谜终于被揭开了。原来,果树和瓜类不同,它们自花结实率极低,多数需要异花传粉后才能结果。在自然情况下,果树的种子本身就不是纯种,而是接受了另一品种花粉后的杂交种,因而长成的果树当然不会和原来的一样了;至于品质变坏,那是由于母株受了野生树花粉影响的结果。嫁接法的情况就不同了,它用的是老品种上的枝条或芽,是无性繁殖,没有经过杂交过程,因而后代不会发生变化。

然而,嫁接法的好处还不止这一点,它还能使果树提早结果,加强适应性和抗病性。例如,嫁接在矮化砧木上的苹果,1~2年就结果。同样的梨树,北方地区用秋子梨做砧木,抗寒力提高,南方用杜梨做砧木,耐湿抗涝能力加强;广东潮汕地区将蕉柑、拼柑稼接在耐涝性强的红柠檬砧木上,能在水稻田里栽培;我国西北地区将苹果稼接在兰州秋子上,可使日烧病减轻,等等。由于嫁接法繁殖果树优点多,所以现在已成为繁殖果树最普遍的一种方法了。

为什么矮化果树的产量高

一些老的果园,果树高大,树冠广阔,互相连接,林下十分阴凉。但是,你很难在树冠以下的枝条上看到果子。你要采摘果子,不是爬树就是用梯子，或者要用长钩子才能摘到。这些果园都是疏植果园，一般每亩种植果树20～30株，产量较低，如一亩管理得好的荔枝园，亩产荔枝600～900千克，而一般的都在500千克以下。

近年来采用嫁接、圈枝、打顶等方法，使果树矮化。这除使果树提早开花结果外，还提高了果树的种植密度，从而提高了单位面积产量。

为什么矮化果树的单位面积产量比大果树的单位面积产量高呢？这是因为，大果树树高冠大，一棵树占有2～3棵矮化果树的土地面积。从圆球体表面积计算，2～3棵矮化果树的树冠面积，比一棵大果树的树冠面积要大。因此，矮化果树能提高光能的利用率，从而提高单位面积产量。同样，密植矮化果树的根系，其吸收养分的范围也大于稀植果树的根系，这就提高了土地的利用率，能吸收更多的养分。另外，大果树的树干高、枝条长、分枝少、阴枝多，水分和养分的运输距离长、消耗大；而矮化果树的树干矮、枝条短、分枝多、阴枝少，水分和养分的运输距离短、消耗少，这也是矮化果树单位面积产量比稀植果树产量高的原因。

总的来说，矮化果树具有营养面积大，光能利用率高，积累多、消耗少，管理和收获方便，提早开花结果等优点。

为什么椰子树大都长在热带沿海和岛屿周围

在我国海南岛、西沙群岛，以及其他热带地区的沿海和岛屿周围，到处可以看到笔直挺立的椰子树。树高可达20多米，碧绿青翠的叶子比雨伞还要大，树上挂着许多像足球大的棕色果实，是热带特有的美丽的树木。

如果我们稍微注意一下的话，就会发现这样一个问题，为什么这些椰子树都是沿着海岸和岛屿周围而生长的呢？要解开这个谜，不妨让我们来看一看椰子树的生活习性，问题就比较清楚了。我们知道，植物为传播它们的后代，用各种各样的办法，把它们的种子散布出去。其中除人为的传播外，有些利用动物来传播，有些利用风和水来传播，椰子就是利用水来传播的。椰子的果实是一种核果,外果皮是粗松的木质,中间由坚实的棕色纤维构成,成熟后掉在水里,会像皮球一样漂浮在水面上不会烂掉。有时会随海水漂流数千里,一旦碰到浅滩,或者被海潮冲向岸边后,遇到了适宜的环境,它们就在那里发芽生长,重新定居。这就是热带沿海和岛屿周围会长出椰子树来的原因。

另外,椰子树虽然对土壤的要求并不十分严格,但以水分比较充足的土壤为最适宜。沿海和岛屿周围,要谈水分那是最丰富不过了。而且椰子树特别喜欢海滩边含有盐渍的土壤,生长在这样的土中,长得特别快、特别好。因此,如果把椰子树栽培在离海岸较远的地方,如云南南部,还要埋些粗盐在树根上,使它在有盐渍的泥土中加速生长。有人认为海风对椰子树的生长虽然不起直接作用,但和暖的季风提高了椰林的温度,同时,海风也增加了大气的湿度,有利于椰子的生长。

由此看来,热带沿海和岛屿周围能到处长出椰子树来,也是生物的一种生活适应。

为什么杏树开花多结果少

杏树是蔷薇科的一种落叶果树,在我国有着悠久的栽培历史。由于杏树早春便开花,远远望去,如云似海,令人赏心悦目。因此,民间流传着很多赞美杏的诗句,如“春色满园关不住,一枝红杏出墙来”。

杏树的芽分花芽和叶芽两种,无混合芽,有时多芽并生而成为复芽的也很普遍。一般复芽内有2~3个花芽,在适宜的条件下也能形成4~5个花芽。杏树的花芽一般开一朵花,但由于结果枝的复芽数多,因此开花量也就多了。

可惜杏树开花很多,结果却较少。这是为什么呢?原因很多,大致可归纳为以下几个方面。

首先,从杏花的生理机能来看,很多杏树品种普遍存在着雌蕊发育不全的退化现象，退化了的花往往不能授粉、受精，自然也就不能结果。据研究，产生退化的原因有：一是由于营养条件不良；二是与品种特性也有一定关系，如苦核白杏，它的退化花就较多，而麦黄杏和倭瓜杏，它们的退化花就较少。

其次，杏树虽说耐寒、耐旱，但需要较多的光照。如果光照不足，往往会出现枝叶疯长、退化花增多的现象。据调查，在松树遮光条件下生长的普通实生杏树，退化花的数量可达43.6%，比日照良好的开阔地上的多29%左右。

再次，杏树属核果类果树，在核果类果树中有很多品种需要异花授粉，自花授粉结实率不高。如果单独一棵杏树生长在院落当中，就会出现结实少的情况。

为什么碧桃树不结桃子

有些公园和花园里，种着许多专供观赏的桃树。每年春天，满树桃花盛开，花色异常鲜艳，有玫瑰色的、粉红色的、白色的……吸引着许多游人。在杭州西湖的苏堤和白堤两岸，遍植柳树和桃树，成为西湖主要风景之一。可这些桃树有个特点，就是只开桃花，不结桃子。每当夏末秋初，果园里的桃树果实累累的时候，它们却只有满树浓绿的叶子。

原来这种桃树和结实的桃树不一样，它们的名字叫“碧桃”，是专供观赏用的。结果实的桃树开的花，每朵花上只有5个花瓣；而碧桃开的花，每朵花上却有7~8个花瓣，有的甚至多到十几个花瓣，所以叫作“重瓣花”。重瓣花里只有雄蕊，没有雌蕊，或者雌蕊已经退化成一个小骨朵，所以不能受精。它们只开花不结桃子，就是这个原因。

为什么奇松多出在黄山

黄山多奇松,这是早就闻名的。为什么奇松多出在黄山?总的来说,黄山松的奇形怪态,是松树适应周围环境,特别是长期经受刮风、下雪和低温而形成的。

例如,长在山麓路边的松树,常常多向外伸出枝干,正好与里面的斜坡配合形成奇突而又平衡的感觉。像玉屏楼东面的“迎客松”,树不高,但它的分枝伸出来像条巨臂,犹如打出欢迎客人的手势,给人印象很深;而生在地势平坦处的松树,四面八方阳光雨露比较均衡,枝叶就像一把大伞,四面匀盖,如云谷寺旁的“异萝松”。

在北海的“蒲团松”,树虽不高,但枝叶密集于树冠,密得几乎不透光,由于紧密的关系,上面能坐几个人,甚至可放张席子睡觉。这是它长期承受冬天大雪压顶的威胁而形成的。

黄山还有些松树长在悬崖峭壁上,更为奇特,如西海和石笋峰等处的松树,有的枝干伸出几米远,像条长臂,有的枝干卷曲甚至绕旁边的树后又再向上生长,有的则倒生向下至10多米之处。如果你细心观察,就会发现峭壁上的松树,它们的近根部分从岩石缝中长出来时,只有碗口那样粗,往上长时,树干变大成盆口粗了,这是松树与石头顽强斗争求得生存的最好例证。

总的来说,黄山的奇松太多了。它给我们提供了植物生活与自然环境有密切关系的丰富科学例证。

版纳黑檀是中国最硬的树木吗

版纳黑檀是中国最坚硬的树木之一。它是1979年在西双版纳的热带密林中发现的一种珍贵用材树种。版纳黑檀木材结构极其致密,纹理交错,心材黑褐色,具有瑰丽的花纹。其硬度和强度异常之大,比重达到1.13克/厘米^3。如果把一块版纳黑檀木放入水中,它就会像铅块一样立即沉入水中。

版纳黑檀属于豆科黄檀属,为落叶乔木,高可达20米,直径50~70厘米;树皮厚、平滑,条块状剥落,褐灰色至土黄色,奇数羽状复叶;圆锥花序腋生,花小,蝶形,花瓣白色,雄蕊且连成一体,子房具长柄,荚果舌状。

该种植物分布在云南省西双版纳地区,生长于海拔700~1700米的山地,但在900~1400米地段较为集中。由于当地群众有烧山的习惯,森林受到严重破坏,大多数中龄树及幼树都难以长大成材,植株数量越来越少。现在版纳黑檀已被列为濒危树种而被保护了起来。

保护版纳黑檀的价值在于它是我国国产木材之珍品。木材黑褐色、材质坚硬致密,花纹瑰丽,极强韧,内含丰富的脂类物质,其切面光滑油润。即使干燥之后,木材也不会开裂变形,是一种类似进口红木的特级硬木原料。常用于制作高级管弦乐器、红木家具及工艺美术雕刻等。此外,它还是一种良好的紫胶虫寄主树,因此版纳黑檀具有很好的发展种植前景。

我国还有一种较硬的树种是与版纳黑檀同属一科一属,名叫降香黄檀。降香黄檀分布于我国海南岛的西部、西南部和南部等地。生长在海拔600米以下的山区,至今在海南岛昌江县七差尚存有2株高达25米的母树。降香黄檀是海南岛特有的珍贵树种,极耐腐,切面光滑,纹理细致,并且香气经久不灭,为名贵家具、工艺品等的上等木材。

豆科黄檀属在世界上目前共有120种,主要分布在热带至亚热带地区。我国大约有30种,分布在淮河以南的广大地区。该属的树木,其材质都很坚实强韧,是一个名副其实的“硬木家庭”。

版纳黑檀和降香黄檀固然很坚硬,但是它们还是硬不过铁桦树。铁桦树堪称是世界上最坚硬的树。子弹打在该树上,就好像打在厚钢板上一样,纹丝不动。铁桦树的木材比普通钢铁硬一倍,比橡树硬3倍,因此在某些情况下可作为钢材的代用品,用于国防工业。

由于铁桦树十分坚硬，因此入水即沉。即使长期浸泡在水中，其内部也能长期保持干燥。

铁桦树高约20米，胸径约70厘米，其寿命可长达300～350年。树皮暗红色或近黑色且上面密布白色斑点。它的分布区很窄，只生长在我国与朝鲜接壤的地区。另外，在俄罗斯南部和朝鲜南部也有分布。因此，铁桦树不仅是我国最硬的树木，也是世界上最硬的树木。

花卉篇

为什么不能碰夹竹桃

在路边、厂区，我们常常可以看到栽有一排排的夹竹桃。夹竹桃是著名的观赏植物。它冬夏常青，叶子很像竹叶。花色除桃色外，还有乳白色、黄色、深红色、红白色相间等，形态很像桃花，所以叫“夹竹桃”。

夹竹桃原产于印度和伊朗，15世纪作为一种高雅的观赏植物传入我国，很受人们的喜爱。夹竹桃的叶面有蜡质，既有很强的抗旱能力，又有很强的抗污能力。据试验，在二氧化硫污染很严重的环境中，其他的植物都活不下去，只有夹竹桃依然枝繁叶茂，碧绿苍翠。它对灰尘的吸附能力也很强，被誉为“绿色吸尘器”。

但是，我们也要知道，夹竹桃的叶、皮、根、花朵是有毒的。人只要吃一点新鲜夹竹桃的枝叶，就会出现中毒症状：开始有恶心、呕吐、腹痛的感觉，进而心悸、脉搏不齐，严重者会导致死亡。夹竹桃的毒性要进入胃肠道才能发作，动物的症状基本上和人一样，所以我们平时不要去攀折它的枝、叶、花果等，以免发生意外。另外，美国已宣布禁止栽种夹竹桃，因为夹竹桃里有致癌物质。不过，在世界各地，夹竹桃仍在广泛栽种。因为它对人类还很有作用，除绿化环境外，它还像其他的一些有毒植物一样，为人类治病提供了珍贵的药源等。

为什么夏天中午不宜给花浇水

在夏天，各种树木花草都蓬勃地生长着，需要的营养物质和水分也最多。由于花的根系分布浅，如果有几天不下雨的话，很易受干旱，所以常常需要浇水。可是，给花浇水也要注意时间，如果在中午的时候给它浇冷水，不是帮助它，而是害了它。所以一个有经验的花农，总是选择在傍晚或早晨给花浇水。这是什么道理呢？

夏季天气十分炎热，尤其是中午，气温更高，土壤温度也逐渐升高。由于水的比热大，是空气的4倍多，加上水在吸收和散发热量时温度变化较小，所以水温总是比气温低。如果在炎热的中午浇冷水，那么，本来温度高的土壤会骤然降温，而这时外界气温仍相当高。在这种温度变化十分急剧的情况下，娇嫩的花会因吃不消这种强刺激而死亡。

在早晨和傍晚，因为气温较低，浇水后土壤温度与气温差异小，不至于引发死亡的危险。如果在阴天，那么，不管什么时候都可以浇水。

除花以外，一般的蔬菜和其他一些草本植物，夏天的中午都不宜浇冷水，农民都有这个经验。有时候在炎热的夏天，中午突然下一场倾盆大雨，往往会使蔬菜的幼苗全部“闷死”，也就是这个道理。

为什么花儿这样多姿

古诗说：“万紫千红总是春。”每当春回大地，黄色的迎春花，浅红色的樱花，粉红色的桃花，紫红色的紫荆花……就纷纷绽放。

花儿为什么这样多姿？如果你仔细地观察一下，可以发现：大多数花儿的颜色，是在红、紫、蓝之间变化着；也有一些是在黄、橙、红之间变化着。

花色能够在黄、橙、红之间变化，那是类胡萝卜素在“耍把戏”。类胡萝卜素的种类很多，大约有60多种颜色。像黄叶子、成熟的香蕉里所含的黄色的叶黄素，就是类胡萝卜素中的一种。

花色能够在红、紫、蓝之间变化，是因为花朵的细胞里含有花青素。花青素是一种有机色素，它极易变色，只要温度、酸碱度稍有变化，就立即换上了“新装”。

你一定认得牵牛花吧！它那喇叭状的花朵，很引人注目。喇叭花的颜色很多，有红的，有蓝的，也有紫的。其实，这全是花青素在“变戏法”。如果你把一朵红色的牵牛花摘下来，泡在肥皂水里，红花顿时就变成了蓝花。然而，这“戏法”还能重新变回去，只要你把蓝花再浸到稀盐酸的溶液里，它就又变成红花。原来，这是因为溶液的酸碱度变化，引起了花青素的变色。

在植物体里，有酸性的东西，也有碱性的东西。不仅不同植物体内的酸碱度不一样，即使在同一植物体内，酸碱度也会因光照、温度和湿度等不同而变化。这样，花青素就时常在人们面前“耍把戏”，造成了“万紫千红”的声势。

你一定会奇怪：芙蓉早上开花时是白色的，中午以后逐渐由粉红变成红色，这是怎么回事？你如果到棉花田里走一走，也会有这种情况，棉花不但上午和下午会变色，而且一枝上会同时开着几种颜色不同的花。这都是花里的花青素随着日光照射的强度和温度、湿度的变化而有所不同。

为什么有的花香，有的不香

一般来说，大多数植物的花朵里都含有香气，但并不是所有的花朵里都含有香气。为什么有些花朵里含有香气，有些就没有呢？首先让我们来看一看香气的来龙去脉。

花之所以有香气，那是因为花朵中有着制造香味的工厂——油细胞。这个工厂里的产品就是具有香气的芳香油，它可以通过油管不断地分泌出来，并且在通常温度下能够随水分而挥发，从而变成气体散发出诱人的香气，所以又叫它挥发油。因为各种花卉所含的挥发油不同，所以散发出来的香气也就各异。我们能闻到花香，是从挥发油里逃跑出来的气体分子钻入我们鼻孔的缘故。芳香油如果经太阳一晒，就会蒸发得更快。因此，阳光好的时候，花的香味更浓，散发得也更远。另外，在有些花朵里虽然没有油细胞，但是它的细胞在新陈代谢的过程中，会不断地产生一些芳香油。还有一些花朵的细胞里不能制造芳香油，而含有一种配糖体，配糖体本身虽然没有什么香气，但是，当它受到酵素分解时，同样能散发出香气来。

为什么有些花不香呢？简单地说，这些花里没有油细胞，也没有配糖体。

花朵中的油细胞，并非都是香的，也有一些是臭的，而且有一部分植物的花特别臭，如蛇菰、马兜铃、大王花、板栗等，开花时都会释放出难闻的臭气。对于这样的花，不要说人不喜欢，就连蜜蜂和蝴蝶对它们也是敬而远之。而酷爱臭味的潜叶蝇却是闻臭而至，久久不肯离去。

总的来说，花儿香与不香，关键在于细胞里有无挥发油。至于香与臭，则是不同植物品种的挥发油里所含的物质不同，所散发的气味不同而已。

那么，挥发油在植物体中是怎样形成的呢？对植物体的生理意义又怎么样呢？这一些问题，目前在科学界还没有找到完全准确的答案。通常大家认为，植物体内所含的挥发油，是植物体本身新陈代谢作用的最后产物；也有人说是植物体中的排泄物、生理过程中的废渣；绝大多数科学工作者认为,挥发油是由于叶绿素在进行光合作用时产生的。初生成时,分布于植物全身,随着植物体的生长,然后再根据各类植物的生理特性储存在植物体的不同部位,有的集中到茎和叶子里去,像薄荷、芹菜、薰衣草、香草等;有的贮存在树干内,像檀香;有的贮存在树皮里,像月桂、黄樟、厚朴等;有的贮存在地下部分,像生姜;有的贮存在果实里,像橘子、茴香、柠檬等。一般来说,挥发油大多数贮存在植物的花瓣中。

挥发油在植物体内的存在,实际上有它一定的作用。最明显的是作为一种物质来引诱昆虫,帮助传送花粉,以便更好地繁殖后代。另外,挥发油可以减少水分的蒸发,或者用芳香来毒害与它邻近的植物,达到保护自己的目的。

为什么艳丽的花通常没有香气,而香花都不鲜艳

色彩斑斓、雍容华丽,是花备受人们喜爱的一个重要原因。不少名贵的花卉都是色泽艳丽的,如牡丹、芍药、玫瑰、月季、山茶、杜鹃、报春……以富有色彩的多样性而著称于世。

难道白色或素色的花朵就不能登大雅之堂吗？事实并非如此。许多受欢迎的名贵花卉,如白兰、含笑、玉兰、素馨、茉莉、水仙、木樨(桂花)……也都是白色的。何况贵为香祖的兰花,也没有鲜艳的色彩。白色和素色的花朵有个共同特色:姿容淡雅,气味芬芳,给人以娴静、清幽和高洁的享受。花的香气是因为花中含有几种乃至几十种挥发性芳香油。它们常常只在花朵盛开的时候,才从花中散发出来,花儿开败了,香气也就不再溢出。

当然,人们心目中最理想的花是既娇艳夺目,又芳香宜人。可惜,不仅在自然界中具备这两大特色的花朵很少,而且在栽培花卉中也不多见。

为什么艳丽的花常常没有香气,而白色或素色的花却常常是香气扑鼻呢？因为对于植物来说,开花不是供人玩赏,而是为了结果。色彩和气味都是植物引诱昆虫传粉的手段。

然而昆虫对花朵的要求，不像人类对花朵的要求那样苛刻。许多昆虫单凭颜色，就能准确地识别出适合它采蜜的花朵，至于花儿发出什么气味，对它们来说无关紧要或不起作用。而另一些昆虫，对于花朵散发出来的气味，反应则非常灵敏，即使很细微的差别，都可以分辨得出来。因此，它们仅仅凭着这种灵敏的嗅觉，就能准确地追寻到自己想要“拜访”的花朵，至于花儿是否漂亮，并不介意。我们知道，生物进化过程中有一种普遍的趋势，就是不断舍弃自己身上多余的东西。对花儿来说也是这样，既然特定的色彩或花瓣已足以能对自己所需要的昆虫发出明确的邀请信号，而且这种信号一定会被受邀请者所接受，那么再溢出浓烈的香气就是多余的了。同样，既然花儿散出的特殊气味，能够准确地传达花儿邀请昆虫前来采蜜的信息，卖弄妖艳也就完全没有必要了。至于风媒花和水媒花，是依靠风和水来传播花粉的，没有引诱的问题，所以那些花既无鲜艳的颜色，也没有扑鼻的香气。

为什么高山植物的花朵特别艳丽

我国云南、四川有很多美丽的高山植物，它们的花朵色彩特别鲜艳、亮丽，在世界上分外有名，为什么高山植物的花朵色彩会特别艳丽呢？

原来这是高山植物对环境的适应。我们知道，高山上的紫外线特别强烈，能使植物细胞的染色体受到破坏，阻碍核苷酸的合成，进而破坏细胞的代谢反应，对植物的生存是很不利的。高山植物就在这种严峻的生活环境下，经过长期的适应，产生了大量的类胡萝卜素和花青素，因为这两类物质能大量地吸收紫外线。而类胡萝卜素和花青素的大量产生，又使花朵的色彩特别艳丽，因为类胡萝卜素使花朵呈现鲜明的橙色、黄色，花青素则使花朵呈现红色、蓝色、紫色等。花朵中有了这么多的色素，在阳光的照耀下，自然是艳丽夺目了。

为什么有的花漂亮却有毒

我们平时看到庭院花圃里或阳台上有一种开紫红色花的盆景，那叫长春花，也属于夹竹桃科，它的根和叶含有吲哚型生物碱，如长春碱、长春新碱等。长春碱能抑制人的造血功能，尤其对骨髓的抑制程度很高，会引起白细胞减少。可是，如果采用以毒攻毒的方法，长春碱对治疗白血病、自发乳腺癌等却有一定的疗效。

水仙花是冬天受人们喜爱的花卉，它能在隆冬季节开放花朵，特别是叶子碧绿光洁，使室内充满春意。然而水仙也有毒，全株均有毒，尤其是那个蒜头似的鳞茎毒性更大。如果误食鳞茎，就会出现呕吐、腹痛、脉搏频微、泻痢、呼吸急促、体温上升及虚脱等现象，乃至痉挛、麻痹而死。水仙的有毒成分为生物碱，在鳞茎中的含量为1%。

石蒜的花尽管鲜红美丽，但全株有毒，花的毒性更大。如果误食石蒜花，就会出现说话困难，严重者会死亡。石蒜也含多种生物碱，如石蒜碱、多花水仙碱等。此外，忽地笑和文殊兰等石蒜科植物，它们的鳞茎较大且含淀粉，但有毒性，切忌误食。

紫茉莉是一种常见的花卉，栽植于花坛或屋前空地上。这种植物的种子和根都有毒。由于紫茉莉的根肥大，好像我国中药里的天麻，于是一些不法商人便利用紫茉莉根制成假天麻。如果人吃了这种“天麻”，就会中毒，出现嘴唇麻痹、皮肤神经麻木，并伴有头痛、耳鸣等症状。紫茉莉的根含有树脂、有机酸、氨基酸等化学成分。

还有些植物，如牵牛花，人吃了它的种子和植株会出现腹泻、腹痛、便血等症状，还可能有血尿，甚至损害脑神经、舌下神经，使人不会说话和产生昏迷状态。杜鹃花科中的许多种花也有毒性，如开黄颜色花的羊踯躅（又名闹羊花），全株有毒，花和果的毒性更大。据说古代的“蒙汗药”中，就含有这种花的成分，可麻痹人的神经，使人失去知觉。

综上所述，不少花卉，虽然好看，但只能观赏，切忌食用。不仅如此，有的花粉对人也有害处,如进入鼻腔(用鼻去闻花香)产生过敏,这就是一种毒性反应。

为什么有的花要在早晚开放

牵牛花为什么早晨开花,中午就萎谢了呢?

一般来说,一种植物或一种动物的生活习性,总是经过长时期的自然选择而遗传下来的。但是,更多的情况是由于植物本身受到了光照、温度等外界条件影响而引起的。就牵牛花的开花来说,早晨的空气比较湿润,阳光比较柔和,这样的外界环境对于牵牛花最为适宜。这时牵牛花花瓣的上表皮细胞(花瓣的内侧)比下表皮细胞(花瓣的外侧)生长得快,于是花瓣向外弯曲,这样花就开了。然而到了中午,阳光强烈,空气干燥,娇嫩的牵牛花花朵因缺少水分而不得不萎谢了。

牵牛花开花既需要阳光,又害怕过强的阳光,清晨的条件正好适合它的要求,所以它的开花时间在早上。另外有一些植物,它们的开花时间恰和牵牛花相反。如夜来香、月光花和瓠瓜等,它们害怕强烈的阳光,总是白天闭合,晚上才开花,这又是什么道理呢?

我们从牵牛花的开花习性中知道,植物开花时间和外界环境有很大关系,像温度和阳光都会直接影响它们,晚上开花的植物同样如此。譬如昙花,它的花瓣又大又娇嫩,需要在一定的气温条件下才能开花。白天温度过高,空气干燥,深夜里气温又较低,对昙花的开放都不利;只有夏天晚上9~10时的气温和湿度最为适宜,所以它总是在晚上开花,而且只开两三个小时,这样就可以避免低温和高温的伤害。昙花的这种现象,被人们称作“昙花一现”。

另外,像牵牛花、昙花、月光花等都是属于虫媒花,开花时间的早晚,除阳光和温度对它们有影响外,还跟昆虫出来访花采蜜的时间有关系。天黑以后,蜜蜂和蝴蝶已入夜而息,只有几种蛾子在活动,而且一定要到黄昏以后才出来。所以靠蛾子传粉的植物,等到晚上才开花。

每种植物总要挑选最适合它开花授粉的时间才开花,因为只有这样,才对它结籽传种有利。所以说,植物的花在一定的时间开放,是适应外界生活条件而形成的一种习性。

为什么有些植物先开花后长叶

一般常见的植物都是先长叶后开花,而蜡梅(又称腊梅)和玉兰为什么先开花后长叶?这是一个有趣的问题,古人甚至以为它们是“有花而无叶”。要说明这个问题,就得从花和叶的结构谈起。

一般来说,春天开花的树木,它们的叶和花的各部分都在上一年秋天就已长成,并包在芽里。秋末冬初,当叶子掉落以后,摘一个芽解剖开来看看,就可以看见它们的雏形了。到春天,气温逐渐升高,各部分的细胞都很快分裂生长起来,因此花的各部分和叶都伸展开来,露到芽的外面,形成开花长叶的现象。

不同的植物有不同结构的芽,一种发育为营养枝的叫叶芽,一种是里面有花或花序的雏形叫花芽,还有一种发育为枝但又有花或花序的叫混合芽。

每一种植物的各个器官的功能,对气温都是有它的特殊要求的。桃树的叶芽和花芽的生长,对温度的要求差不多相同,因此到春天花和叶就差不多同时开放。蜡梅和玉兰则有点不同,它们的花芽生长所需要的温度比较低,初春的温度已满足了它生长的需要,花芽就逐渐长大起来而开花。但对叶芽来说,这种气温还是太低,没有满足它的生长需要,因而仍然潜伏着,没有长大。后来,温度逐渐升高,到了满足它生长需要的时候,叶芽才慢慢长大。因此,蜡梅和玉兰就形成了先开花后长叶的现象。

为什么黑色花很稀少

自然界纷繁复杂，在庞大的植物界中，有各种奇花异草。每到夏季，各种花朵盛开，争奇斗艳，装点着大自然。可是，你若仔细观察一下，在这些花中很少见到黑色花。那么，自然界中黑色花为什么稀少呢？

有关专家经过长期的观察和实验，终于弄清了其中的缘由。原来太阳光由7种光组成，分别为红、橙、黄、绿、青、蓝、紫等光。它们的波长不同，所含的热量也不同。我们知道，花的组织，尤其是花瓣，一般都较柔嫩，易受高温伤害。自然界中红、橙、黄色的花较多，这是由于它们能反射阳光中含热量较多的红、橙、黄色光，而不引起灼伤，自我保护的结果。而黑色花则相反，它可以吸收全部的光波，在太阳光下升温快，其花组织容易受到灼伤。所以，在长期的进化过程中，经过自然选择，黑色花的品种越来越少，所剩无几。有关专家对4000多种花进行了统计，发现只有8种是黑色的。在植物界黑色花如此之少，反倒使黑色花被园艺家视为名贵品种，成为花中珍品。

为什么百合花被称为"圣洁之花"

百合是多年生的草本鳞茎植物，是百合科百合属，多分布在北半球温带，有少数产于南半球的寒带及热带。我国各地都有分布。

百合的地下扁球形鳞茎，鳞片肉质肥厚。由于层层鳞片互相叠合，因此叫它百合。早春于鳞茎中抽出茎，茎的叶腋中有时生有珠芽。叶子互生，披针形，上端尖。花开在茎顶，仿佛喇叭那样向天空吹奏号角。夏季开花，花瓣6片，有红黄、黄、白或淡红等色。性喜温暖高燥，适于沙壤土生长。

百合花的种类很多，全世界约有100种。我国原产的有30多种，大多分布在黄河流域以南省区。我国栽培百合的历史很悠久,南北朝时的百合题诗中就有不少是赞美它的。现在,欧洲栽培的百合花,有些是从我国移植过去的。如布隆氏百合花,就是英国商人带回英国,是由我国百合栽培而来的;著名的王百合,也是英国人威尔逊从我国四川引种百合栽培成功后,又引进日本百合育成的世界名种。

欧洲人一直把百合花当作圣洁的象征。《圣经》中赞美百合说,"他的恋人像山谷中的百合花,洁白无瑕",还说,"百合花赛过所罗门的荣华",可见,它的地位不同寻常。

百合的种类分食用和花用两类,如鹿子百合、麝香百合、湖北百合、青岛百合等,鳞茎很小或味苦,不宜食用。可是这些百合的花却十分艳丽,是优美的观赏花卉。

百合花美,姿态清丽,有色有香。有的鳞茎可食用,受人欢迎。百合的鳞茎营养丰富,含淀粉21.7%,粗蛋白4.5%,是滋补上品,还可制淀粉。中医学上可入药,性微寒,叶甘,能润肺止咳、清心安神,主治痨病咳血、虚烦惊悸等症。

关于百合花,有这样一个传说。有一年,美国犹他州发生了严重的饥荒。当地的印第安人没有粮食吃,连地面上的树叶、野草也都干枯了。只有埋藏在地下的百合,可供充饥,使人们得以活下来。因此,犹他州人把百合看作是神圣的东西。由此,这个州把百合定为州花。

古巴和尼加拉瓜把姜黄色的百合花定为国花,象征高贵与圣洁。

为什么花香能治病

为什么花香能治病?原来,构成花香的主要成分是一些有机化合物,如檀木发出的优雅檀香味,是一种含有檀香醇的有机化合物;白兰花浓郁的香气伴随着一些有机酸酯类化合物;还有我们常常嗅到的薄荷清凉香味,主要成分是萜烯类物质。这些有机化合物极易挥发,能够随同花香散发到空气中,在人们进行呼吸时进入人体嗅觉器官,刺激嗅觉神经,使人感到香味的存在。与此同时,这些有机化合物也在人体内发生作用,达到治病的效果。

根据这样的理论,很多国家开始流行一种叫“森林浴”的治病方法:让病人住到森林中去,呼吸各种植物散发出来的芳香气息,结果收到很好的疗效。科学家用先进的分析仪器对森林进行测定,发现森林植物可以释放出100多种萜烯类有机化合物,分别具有消炎、消毒或缓泻等作用。所以森林中的香气能够灭菌驱虫,保持森林空气洁净新鲜。

花香虽然可以治病,但有一点必须注意,那就是各种花香气的化学性质不同,药理作用也千差万别,而且有些花儿还含有剧毒。例如有种植物叫黄花杜鹃,花中含有闹羊花毒素,毒性猛烈,一旦使用不当,会使人产生过敏甚至休克。还有一种植物叫醉鱼草,花可入药,但有毒性。若将醉鱼草的花投入鱼池,鱼儿就会死亡;人或动物若不慎误食或长期嗅闻,也会出现呕吐和呼吸困难等中毒现象。因此,使用花香疗法,就如同吃药打针一样,应该在医生的指导下进行。

为什么说君子兰不是兰

君子兰是一种多年常绿的草本植物,常供会场、客厅的摆饰和家庭的室内观赏。它从茎基两侧叠生的叶子,深绿、刚直而有光泽,十分美观。每当冬春交接,它又从叶腋间抽生出比叶子短的伞形花序,上面盛开着数朵至几十朵橘红色或橘黄色的漏斗形的花,为新的一年带来生机和光彩。难怪人们对其以兰相称。

君子兰带有“兰”字,但它却不是兰。我们通常说的兰花,是世界上很有名气的花卉植物,在植物分类学上属于兰科植物。兰科植物在植物界里可算得上是一个较大的家族,全世界有100个属,1.5万种以上,分布于热带、亚热带。兰科植物的叶子狭长,互相交互对生。花是左右对称花,花瓣美观,花柱与雄蕊合成一蕊柱。果实为纺锤状蒴果,蒴果里装满轻若浮尘的种子。而君子兰则属于石蒜科植物。全世界石蒜科植物只有90个属,约1200余种,分布于温带。石蒜科植物的叶子多叠生,花为辐射对称花,花瓣不显著;果实为浆果或肉质果,少数为蒴果。种子比兰科的大而少。

君子兰与兰除分类和形态不同外,由于分布地区不同,它们各自的生理学和生态学的特性各异。因此,君子兰不是兰科植物。

为什么兰花被认为只开花不结籽

兰花,自古以来被尊称为“天下第一香”,在我国有着悠久的栽培历史。有人说只见兰花开花结果,却没见过它的种子,所以认为兰花是只开花,不结籽的。其实这是人们的一种误解。植物界中虽有只开花不结籽的植物,但毕竟是少数。

兰花,与一般植物一样,开过花后就结果,果实为长圆形绿色蒴果,俗称“兰荪”、“兰斗”,成熟后变成黑褐色。如果我们剥开果实,只能看到一堆白粉末状的物质,实际上那就是兰花的种子。拿一点粉末放在显微镜下观察,就能看到那些种子,一般呈长纺锤形,而且数量还特别多。有人统计过,一个天鹅兰的蒴果,就有种子377万粒,假若它们都能成活,那么只要经过3~4代,就能覆盖整个地球。既然兰花可以结那么多种子,为什么被误认为不结籽呢?原因是兰花的种子细如尘埃,用肉眼实在很难分清它。

另外,兰花种子虽多,但几乎不能发芽,一般情况下,很难用种子繁殖成一棵实生苗。其原因是多方面的:首先,兰花的种子成熟较迟,授粉后要经过6个月甚至1年后才能成熟,还未到成熟时期,往往母株早已衰退,采种很困难,就是采到一些种子,在土壤中也很容易腐烂;其次,兰花种子内没有胚乳,只有一个发育不完全的胚,外面包着疏松、透明、不容易透水的种皮,胚内含有很少的养分,绝大部分为脂肪类物质,而这些脂肪类物质,在土壤中很难溶化;再一点是,据法国科学家伯尔奈的试验,要使兰花种子

发芽,还必须有某种真菌的作用,引起细胞的分裂,才能发芽。遗憾的是,并不是每一颗兰花的种子都能遇上适合于自己共生的真菌,事实证明这样的幸运儿是极少的。

由于兰花用种子繁殖很困难,所以一般采用无性繁殖。不过兰花分根繁殖也不容易成活。兰花难养,就是这个道理。幸好近几年来用兰花进行组织培养获得了成功,已能繁殖出大量的试管苗,预计不久的将来一定可以在工厂里成批生产兰花。

为什么百岁兰永不落叶

人们也许会问:“除了百岁兰,你还忘记了松柏和万年青,它们也是一年四季常绿,不掉叶子的。”

这话有一部分是对的。松柏与万年青一年四季,不论炎热酷夏还是寒瑟秋风,它们的叶子都碧绿挺拔,确实四季常绿。但是,仔细观察它们,你就能发现它们是掉叶子的。在松柏树下,常常会看到散落在地上的枯黄松针。原来,松柏的叶子寿命较长,可以活3~5年,老叶一部分一部分地枯死;春夏之间,又长出代替老叶位置的新叶,所以松柏叶子的长落是以不易被人觉察的替换方式来进行的,人们误以为它是不落叶的。

万年青的叶子的寿命当然不会是万岁的,不过8~10年的光景,老叶子就从尖端开始枯黄了。其他的常绿树木,比如女贞的叶子能活200天,紫杉叶子能活6~10年,冷杉的叶子可以活12年。

然而生活在安哥拉海岸的沙滩上的“纳多门巴”一生只长两片叶子。这两片叶子一直伴随着整株植物,足足能活上一百多年。它不是兰花,然而人们还是为它取了个好听的名字“百岁兰”。

“百岁兰”的个头很矮,茎高不过20厘米,叶子相对而生,可以长到3米长。朝相反方向生长的宽大叶子爬在地上,曲曲折折,好像两条巨大的绸带。

这两条“大绸带”长出后，就再不凋落，也不长新叶，而是忠心耿耿地伴随“百岁兰”稳度百年生涯。

这么大的“绸带”为什么百年不落呢？

原来，百岁兰的根又直又深又粗壮有力，它能充分地吸收到地下水。地面上会有大量海雾形成露水重重落下，使叶片保持湿润，所以整株植物一年到头都能保持活跃的生存状态，那好不容易长出的两片大叶子也就不会因缺乏水分而凋落了。

为什么说生石花是拟态高手

在人们说到自然界中的拟态现象时，总爱举出一些为了躲避取食者追捕而以假乱真模拟别的物体的昆虫，如枯叶蝶、竹节虫等拟态高手。其实在植物王国中具有这种拟态避敌本领的也有。

在非洲南部及西南部的干旱而多砾石的荒漠上，生长着一类极为奇特的拟态植物——生石花。它们在没有开花时，简直就是一块块、一堆堆半埋在土里的碎石块或卵石。这些“小石块”有的灰绿色，有的灰棕色，有的棕黄色。顶部或平坦，或圆滑。有些上面还镶嵌着一些深色的花纹，如同美丽的雨花石；有的则周身布满了深色斑点，好像花岗石碎块。生石花的伪装简直惟妙惟肖，甚至使一些不明底细的旅行者真假不分，直到想拾上几块“卵石”留作纪念时，才知道上当。其实这些“小石块”就是生石花肉质多浆的叶子。

每年6~12月，是南半球的冬春季节，也是生石花类植物生命交响乐中最动人的乐章。每天中午，都有鲜艳夺目的花朵从“石缝”中开放，黄色、白色，还有玫瑰红色的花冠，大如酒盅。花盛开时，一片片生石花艳丽的花朵覆盖了荒漠，远远望去犹如给大地盖上了一床巨大的花毯。但当干旱的夏季来临后，荒漠上又是“碎石”的世界。

据植物学家调查，世界上这类貌似小石块的植物有100多种，都属于番杏科，而且只生长在非洲大陆的南部，颇为珍贵。它们虽然十分弱小，而且充满了汁液，吃上去味道不错，却因为成功地模拟了无生命的石块，骗过了强大的天敌——食草动物，所以保护了自己的生命。

无独有偶，在植物生长茂盛的森林中，也有一些靠拟态保护自己的弱小植物，但它们模拟的不是石块而是光斑。人们很早就注意到，在森林的下层植物中往往生长着一些叶片上分布有花斑的种类。这些花叶植物就像身穿迷彩服的士兵，能更好地在森林中隐蔽自己而不被敌人发现。因为这些植物的主要敌人——食草兽类的眼睛分辨颜色的能力极低。在它们看来，叶片上的花斑与透过枝叶撒在林下的光斑极为相似。

为什么会有千姿百态的菊花

深秋时节，很多公园都要举办菊花展览会，那些黄、橙、红、绿、紫等颜色的千姿百态的花朵，大的如碗，小的如豆，有的一枝独秀，有的一丛百朵像钢花怒放，有的洁白晶莹犹如盘中珍珠……花形奇妙、色彩迷人，真让人流连忘返，百看不厌。

菊花的祖先是一种小小的黄花，它发展到今天这样五彩缤纷，并不是大自然的恩赐，而是经历了3000多年不断地自然选择和人工培育，从野生到家养逐步发展而来的。

有时，一朵黄菊花，忽然在某个枝条上开了朵黄中带绿的花来，这是“芽变”。尽管开始变化极细微，可没逃过园艺家敏锐的目光，把它细心地剪下来，扦插在土里，精心培育。以后长大开的花都可能黄中带绿了，这中间或许有1~2朵花绿得更好看些。这样有目的地不断选择、繁殖，经过一代又一代，终于培育出现在在菊展中看到的形状像牡丹那样的珍贵的绿菊花了。

又如把红菊花的花粉，传授到白菊花中去，这样形成的种子里就各带着红、白两种遗传性状，繁殖的后代很可能会出现红、白、粉红各种色彩，这就是“有性杂交”。这个创造新品种的有趣工作除人的劳动外,蜜蜂、蝴蝶和风都参加了,它们无意之中也立下了功劳。

在自然条件下发生变异毕竟缓慢,近年来给菊花用上了高新技术,使它产生“突变”,譬如用射线或中子线处理菊花的枝条或种子。一棵黄菊花会开出红花来,简直像变魔术一样,用这种“人工诱变”能更多更快地繁殖出新品种。

人们越爱菊花,在它身上花的工夫就越多。千百年来自然和人工的杂交、驯化,菊花成了多倍体植物,产生遗传变异的机会比其他花草更频繁,新的品种就层出不穷了。800多年前,我国记载的菊花只有26种,到今天已超过1900种了。这令人信服地证明植物具有变异的潜力。掌握了这些自然规律,人就能按自己的意志去改造植物。

菊花原产我国。它是经过人工长期培育出来的名贵观赏花卉植物。多年生草本,头状花序具有舌状花和管状花,舌状花长在花序的外围,俗称“花瓣”。颜色多种多样,紫、红、粉、黄、白、淡绿,有吸引昆虫传粉的作用,但这些花的雌、雄蕊退化了,不能结籽。管状花黄色,位于花盘的中央,俗称“花心”。管状花是两性花,能结籽。我国栽培菊花历史悠久,品种极多,舌状花有各种变化,有的扁平细长,有的呈管状,有的像羹匙状,十分美丽。

菊花是短日照植物,一般秋季开花,正可谓“金风萧飒,百花凋谢,独有菊花,凌霜怒放”,为我国人民所喜爱。有时为了能让菊花在“五一”节开花,可通过控制日照的方法,让它提早开花,供人观赏。

菊花的头状花序可作药用,味甘苦,有清热解毒之功效,日常用作中药的杭菊花就是菊的头状花序。

为什么古莲子寿命达千年之久

提起莲子,人们并不陌生,但说到古莲子,恐怕知者便不多了。

1923年,日本学者大贺一郎在我国辽宁新金县普兰店一带进行调查时,在距今500～2000年的泥炭层中采到了一些古莲子,并培育使其发了芽。

1952年,北京植物园的科研人员在辽宁新金附近的泡子屯一个干枯的池塘里挖掘出一些古莲子,并使这些莲子发了芽,第三年这些古莲还开了花,结了丰硕的果实。1974年科研人员又对在库房的布袋内放了22年之久的古莲子进行发芽试验,4天后,发芽率竟达到了96%。

1975年,大连自然博物馆的科技工作者在新金县孢子乡附近的灰褐色泥炭中,再一次采集到了古莲子。1985年5月初由大连市劳动公园植物园进行培育试验,经过3个月的精心培育,于8月中下旬开花。1995年,美国洛杉矶加州大学研究人员,使一颗在大连普兰店发现的具有1200年历史的莲子发芽。该大学植物生理学家简·舍恩米勒描述说:"这颗沉睡了1000多年的莲子经过4天的培育之后,就像现代莲子一样出芽了。"

莲是一种古老的植物。古莲子开的花与现代荷花就其植株外貌来说区别不大,但就古莲子与现代莲子本身比较,却有以下明显的不同。古莲子个体小而轻,外表光滑黑亮,无花柱残存,含水量低,吸水速度快,吸水率高,发芽速度快。

从莲的构造看,它虽属于双子叶植物,却具有古老植物中单子叶植物的形态特性。通常双子叶植物的实生苗的子叶是对生的,很少是互生,而莲子内的两枚子叶则呈互生排列,且茎部合生。双子叶植物茎内的维管束为环状排列,而莲则像单子叶植物那样分散排列。莲的叶脉除一根返到叶夹者外,其余都是二歧式分枝叶脉,这又是一种原始性状。不仅如此,莲的实生苗还有直立的茎轴和未发育的主根,这是曾在陆地上生活过的植物,为了适应水生环境,才出现的形态变化。同时,水生植物的莲,还保持了陆生高等植物空中传粉的功能。这就证明了莲的祖先曾在陆地上生活过，后来为了适应水生环境的需要，某些器官产生了比较大的简化或退化（如根部的退化）。

总之，莲所保持的原始性状，在植物进化系统上具有很高的研究价值。有人曾把它和水杉相提并论，称为“中国的两种绝妙植物”。

一般来讲，在常温条件下，植物种子的有效寿命为二三年，8～15年就称为“长命种子”了。而莲子在地下埋藏了上千年后，仍能发芽生长，这确实值得研究。

古莲子寿命为什么达千年之久？这就有待于科学家去研究了。

古莲子胚细胞原生质逾千年而仍有生机，在条件适宜时，细胞还能分裂繁殖的事实，对于研究生物休眠、植物种的延续，以及物种起源等具有启示作用。

为什么夜来香在夜间开花

我们常见的植物，一般都是白天开花的，并且开花后就散发出香气。夜来香却不是这样，只有到了夜间，它才散发出浓郁的香气来，这是为什么呢？

我们知道，很多植物都是依靠昆虫传粉繁殖后代的。依靠白天活动的昆虫传粉的植物，在白昼里，花开香飘，迎候昆虫的到来。夜来香是靠夜间出现的飞蛾传粉的，在黑夜里，就凭着它散发出来的强烈香气，引诱飞蛾前来为它传送花粉。这是夜来香特有的生活习性。

但是，一般来讲，花瓣内的挥发油在阳光下才容易发出来，花也就特别香；而夜来香即使在白天开花也只有淡淡的香气，到了晚上，没有太阳晒，它的香味却更浓了，这又是为什么呢？

这是因为夜来香的花瓣与一般白天开花的花瓣的构造不一样。夜来香花瓣上的气孔有个特点，一旦空气湿度大，它就张得大，气孔张大了，蒸发的芳香油就会多。夜间没有太阳照晒，空气比白天湿润得多，所以气孔就张大，因此放出的香气也就特别浓。我们还可以发现，夜来香的花，不但在夜间，而且在阴雨天，香气也比晴天浓，这是因为阴雨天空气湿润。除夜来香外，晚上开花的待宵草、烟草花也是如此。

为什么大花草被誉为"世界花王"

1818年5月，英联邦爪哇省总督拉夫尔兹爵士从苏门答腊旅行归来，在一封信中写下了一段话，意思是："此行最大的收获是发现了大花草，对于它，我想任何生动的描写都将显得苍白无力。这是世界上最大、最了不起的花，直径超过90厘米，重量超过7000克！"

一晃一个多世纪过去了，大花草作为"世界花王"的地位仍未有丝毫动摇。

拉夫尔兹爵士和他的旅伴——著名博物学家阿尔诺利基发现的大花草，是大花草家族12个成员中最大的一个。阿尔诺利基用自己的名字给大花草命了名，因此后人就把它称作"阿尔诺利基大花草"。这种植物在印度尼西亚被称作"本加·帕特马"，意即荷花。可它长得一点也不像荷花，五瓣肥厚多肉、暗红色的花瓣，布满鼓鼓囊囊的白斑。花瓣中央有一个"圆盘"，长有许多小刺，保护着神圣不可侵犯的花蕊。阿尔诺利基大花草的每一部分都出奇地大：花瓣大，"圆盘"大，花蕊也大。每片花瓣长30～40厘米，厚数厘米；中央的大"圆盘"其实是个直径33厘米、高30厘米的蜜槽，里面可容纳5000～6000克水。据对标本的测量，阿尔诺利基大花草直径为70～90厘米，最大达106.7厘米，堪称"世界花王"。

可是，令人难以相信，大花草长得如此巨大，竟没有根、叶、茎，不能进行光合作用。

那么，它的养料是从哪儿来的呢？原来，大花草是异养植物，它需要的养分全来源于别的植物。大花草把它的一种类似蘑菇菌丝体的纤维深深扎进葡萄科植物白粉藤的木质部，贪婪地吸取白粉藤的大量养料，维持庞大的躯体生长。

大花草的种子极小极轻，甚至比罂粟籽还要小。那么小的种子是如何“挤”进白粉藤坚硬的茎干里去的呢？这个问题到现在还是个谜。一些人认为这是野猪和鹿蹭痒痒蹭破了藤子让大花草的种子有隙可钻；有人则认为是松鼠像兔子啃嫩茎那样咬破了白粉藤的树皮；还有些人认为缝隙是蚂蚁和白蚁造成的，等等。

不管怎么说，种子恰恰总是掉在白粉藤的擦破处，种皮开始膨胀，萌发成像幼芽似的东西。

不久“幼芽”慢慢长成小孩拳头大小的扭曲的花蕾。到了适当的时候，花蕾舒展开来，现出五片砖红色的花瓣。起初，大花草散发出一种淡淡的香味。三四天后，气味变得如尸臭一般难闻，这气味和肉色的花瓣招来大批厩蝇。它们在蜜槽内上下忙碌，不知不觉完成了授粉工作。

大花草的花上有雌蕊和雄蕊，花朵开放几个星期后就腐烂了。在开花期如果雌蕊柱头上有幸粘住足够的花粉，那么，7个月以后，子房就形成包含上千粒种子的果实。

为什么牡丹被誉为“国色天香”

被誉为“国色天香”的牡丹，由于它鲜艳高雅、富贵娇媚而被称为“花中之王”。唐代诗人李正封的名句“天香夜染衣，国色朝酣酒”，正是对牡丹的赞颂。

牡丹是一种落叶灌木。一般高达1米左右，在初春时节开花，花朵很大，有单瓣与重瓣之分。花色也极为丰富，有紫色、深红色、肉红色、粉红色、银红色、白色、黄色、黑色以及豆绿色等，其中尤以黄、绿、深红最为名贵。

牡丹适应性较强，我国各地都可以栽种，特别在洛阳牡丹品种有200多种，历来有“洛阳牡丹甲天下”之称。

牡丹有很高的经济价值，除供观赏外，其根皮中医称为“丹皮”，有凉血散淤、解热镇痛、抑制病菌、降低血压之功效，并能治中风、腰痛等症状。叶可作染料，花既可食又可提炼香精，籽亦可榨油。

为什么月季被誉为“花中皇后”

月季为常绿或半落叶灌木。小枝呈钩状且基部有膨大的皮刺。羽状复叶互生，阔卵形，边缘具粗锯齿。花单生或数朵聚生成伞房花序，有红、粉红、黄绿、紫、白等色。蔷薇果，熟时红色。月季花有单瓣或重瓣。品种多，如月月红、小月季、绿月季、丰花月季等。原产我国，生长季节开花不断，是十大传统名花之一。1987年被定为北京市市花之一，也是英国的国花。花朵可提炼芳香油，花、根、叶均可入药，有活血、消肿、解毒的作用。因此，月季被人们称为“花中皇后”。

为什么玫瑰被称为“情人花”

有人把玫瑰、月季和蔷薇称为蔷薇科的“花中三姐妹”。论高贵要数月季，论潇洒应属蔷薇，但论起香气、历史、名声来，则还得说玫瑰。玫瑰原产于我国北方，距今已有1200万年之久，现在世界各地广为分布。

保加利亚素有“玫瑰之国”之称。保加利亚人把玫瑰花作为他们的国花，在首都索非亚东南40多千米处，有一条绵延80千米长的玫瑰谷，山谷里长满了玫瑰。每年6月初，玫瑰谷是一片花海，红、黄、白等各色玫瑰多彩多姿，争芳吐艳，香气袭人。那里的玫瑰约有40种可提炼玫瑰油，玫瑰精油贵如黄金，被称为“液体金子”。取两滴玫瑰油就可制出玫瑰香水，其香味浓郁、甜淳、柔和，而且持久不散，在国际香水市场上享有很高的声誉。

欧洲人认为玫瑰和爱神维纳斯同时诞生，他们视玫瑰为“爱情之花”。玫瑰花那鲜红的颜色，正表示火一般的感情，象征着美好的爱情。

为什么金花茶被誉为“茶花皇后”

山茶花是常绿的小乔木或灌木，它的树枝俊美，叶片翠绿；花朵单瓣或重瓣；花色深红、粉红、白或紫；山茶花以品种繁多、树高花繁、花大色艳、花期较长堪称乔木花卉中最珍贵的花朵，素有“云南山茶甲天下”的赞誉。

在这千姿百态、五颜六色的茶花中，虽然美丽的花冠各有千秋，但花色十分单调，大多是大红色、紫红色和白色，令人感到美中不足。1960年在我国广西南宁首次发现了开金黄色的山茶花，被命名为金花茶。它以娇艳的黄色，独树一帜，艳压群芳，成为茶花家族中的宠儿。

金花茶属山茶科，是一种常绿的小乔木，高2~5米。花朵单生于新枝的叶腋里，隆冬至早春开花，花期较长，达5个月之久，花直径5~6厘米，杯状或碗状。金花茶盛开时，花色金黄，花瓣肥厚，有腊质光泽，光彩夺目，妖艳的花朵含羞俯垂，并散发出芳香的气息，十分惹人。

金花茶是世界上的珍稀观赏植物，其珍贵在于金花茶的黄色色泽是能遗传的种质资源，可以人工培育、杂交创造出优良的新黄色系重瓣大花。除了观赏，金花茶还有一定的药用价值。它的花、果、叶中含有18种微量元素，特别是含有硒和锗两种微量元素，可起到防癌、抗癌、增强人体免疫功能、降低血中胆固醇的作用。叶还可作饮料，花可作食用色素，木材可以制作器具和工艺品，种子可榨油。

但金花茶喜欢温暖湿润的气候和疏松肥沃的土壤。因而自然分布很窄，只限于生长在广西邕宁、东兴等地的低缓山丘。

为什么兰花被誉为"天下第一香"

兰花幽香袭人,令人陶醉,有"香祖"、"天下第一香"之称。人们把它比作君子,作为高洁、清雅的象征。而且素以"兰章"来比喻诗文之美,以"兰交"来形容友谊之真。

兰科是植物分类学中最大的"科"之一,种类很多,有的学者穷毕生之力,也难以区别清楚。但从大略来讲,我们常说的兰花,是"兰属"内的花卉,常生于山坡岩草间。它有两大类:一类生于地上,另一类附生生长。我们常见的兰花大多是地生的。地生兰,按它们开花的季节可分为春兰、夏兰(又名九节兰)、秋兰和冬兰。

兰花的结构与通常的花不同。通常的花有花萼、花瓣之分;兰花的萼片与花瓣没有区别,总称为花被。花被由6片瓣片组成,分内外两轮,每轮3片。

我国栽培兰花已有2000多年历史,历代都有栽兰、诵兰的记载。近年来,随着园林事业的发展,全国各地对兰花进行了更广泛的引种、栽培和研究,并经常举办兰花展览。中国的兰花还不断传至国外,博得了国际友人的高度赞赏。

兰花除供观赏外,它的花、叶、果、根还可制药,有清热解毒、化痰止咳、止血镇痛等功效。

为什么睡莲被誉为"水中女神"

在热带和亚热带的池塘里,到处可以见到一簇簇洁白的和红色的睡莲花朵,漂浮水面。睡莲有文静的清姿,水生的洁好,被人们誉为"水中女神"。

睡莲，又叫金莲、午时莲、水浮莲、朝日莲。它扎根湖底，长出的叶梗漂浮水面，能够随水位升降，幅度有1米多。睡莲花谢后，逐渐卷缩，沉入水中结果。浆果球形壳里含有空气，能浮在水面随风漂流，当种子下沉后，如果环境适宜，第二年夏天，便发芽生长成一株新睡莲。

睡莲是睡莲科多年生水生花卉，它有100种左右。分为两大体系，热带的睡莲是不耐寒种，花大而美，冷天在温室内才能越冬；温带的睡莲是耐寒的品种，地下茎一般能在泥池中越冬。

睡莲生长在浅水中，根茎短，叶有长柄，叶和花的形状因产地、品种的不同而不同。叶子有的像马蹄，有的似圆盘，直径小的只有5厘米，而大的却有60厘米，花色有白、黄、紫、青、红或绯红。

睡莲原产中国、日本、苏联、北美。花很小，3～5厘米，白色，下午开放，花期3～4天。

白睡莲原产欧洲，花形较大，可达13厘米，可是重量却很轻，每朵花还不到10克重。它迎着朝阳含苞待放，到中午怒放，傍晚闭合起来“酣睡”。它时开时合，历时多天，最长达半个月。

黄睡莲原产墨西哥，午前开放，花开黄色，直径约10厘米，到傍晚闭合。

香睡莲原产北美洲，花白色，直径4～12厘米，上午开放，香味芬芳。

红睡莲原产印度，叶心脏形，呈赤褐色，直径15厘米左右。它的习性同其他睡莲不同，花在晚上8时开放，到第二天11时闭合，花期3~4天。

紫睡莲，因花色呈蓝紫而得名，叶呈心脏形。

为什么睡莲会时开时合

原来，这是阳光的作用。从东方冉冉升起的太阳，把睡莲从睡梦中唤醒；中午时分，花瓣展开成一个大圆盘，内侧层受到阳光照射，生长变慢，外侧层背阳，却迅速伸展，超过了内侧层，花就自动闭合起来。

白睡莲的生活很有时间规律：“日出而作，日落而息。”孟加拉国和泰国尊睡莲为国花，象征民族的灵慧和清雅的风尚。

为什么“花钟”能报时

早在18世纪的欧洲，公园的园丁们，常把一些经过选择的花，组合排列成“钟表”。每种花的开或闭代表一定的时间或一个钟点。这样组合的一组花，被称作“报时花钟”。人们可以根据花的开闭来推知时间。“花钟”既有装饰性，又有报时性，这在当时确实给游人带来不少便利。

“花钟”为什么能报时呢？物候学证实，植物花期（植物从第一朵花开放到最后一朵花凋谢的全过程）是一定的。每种植物只在一定的季节、月份或一定时期，花才开放，也就是在自然条件下，植物花期具有时令性。而且植物花期的时令具有顺序性，即同一地区，不同植物花期的出现次序是一定的。更重要的是，即使在开花期，植物的花也并非是持续开放。有些植物的花，只在每天的特定时刻才开放或闭合，“报时花钟”就是利用一些植物花的定时开放的特性，花的定时开放或闭合的特性也可以说是花开闭的守时性。据说，应用花的守时性制作的“花钟”，报时大约可以精确到误差半小时，可见植物开花的守时性是相当好的。

我国一些植物在自然花期内，每天开花的特定时间大致为：蛇麻草3时，牵牛花4时，蔷薇5时，龙葵6时，芍药7时，睡莲8时，金盏草9时，半枝莲10时，马齿苋12时，万寿菊15时，茉莉17时，烟草花18时，剪秋罗19时，夜来香20时，月光花21时，昙花22时。大家不妨留心观察一下。

为什么没有纯白色的花

我们知道，花的五颜六色是由于花瓣内含有色素。花的色素有许多种，主要由类胡萝卜素、类黄酮和花青素组成。类胡萝卜素是含有红色、橙色及黄色色素的类群；类黄酮可呈现淡黄至深黄的各种颜色；花青素则可呈现橙色、粉红色、红色、紫色和蓝色等。

白色花的花瓣中有没有白色的色素呢?科学家通过试验并未从白色花瓣中找到白色素。从白色花瓣中提取出来的是一种淡黄色的或近乎六色的类黄酮物质。将这种物质溶于水,也没有得到白色的液体,而是一种无色透明液体,因此我们看到的白色花不是类黄酮物质造成的。那么造成白色花的原因何在?

摘一朵花,把花瓣横切,从切面上可看见花瓣的上表层有一层排列比较紧密的细胞,好像叶片表层的栅栏组织一样,花瓣含的色素就在这层细胞里。这层细胞叫色素层。色素层内的细胞排列比较疏松,而且细胞之间有小空隙。光线射到花瓣表面,穿过色素层,进入里面疏松的细胞层反射出来时,又通过了色素层,然后进入我们的眼帘,人们就能看到花的各种颜色了。但是在白色花瓣的色素层细胞中,只有淡黄色或近乎无颜色的色素,它反射出来的淡黄色,对眼睛来说几乎分辨不出来,只感到是白色。有趣的是,在花瓣的下层疏松细胞间隙中,有许多由空气组成的微小气泡,这些气泡是无色透明的,阳光照射到它们"身上"再反射出来时,我们就感到是白色的了。因此,从本质上来说,纯白色的花是没有的。

为什么盆栽花卉要换盆

种在花盆里供观赏的植物,称为盆栽花卉。使盆栽花卉脱出原来的花盆而重新种植到另一个盆里,这种工作叫换盆。

已经种入盆内的花卉,为什么要另换一个盆呢?

我们知道,花卉在种到盆内之后是不断生长的,体形是不断增大的,支持植物的根也是不断增长的,但种花的盆子却是固定不变的。在花卉长大后,原来的花盆就不适于根的增长了,盆与植株的大小也不相称了,这时就需要换一个大些的盆,以利于植物生长,以求植株上下匀称美观。

盆栽花卉生长在花盆里,需要的肥、水都通过盆里的土壤供给。时间久了，盆里的土壤往往会变得板结，酸碱度也不当，有机质含量过低，保水排水性能劣化等。正因为如此，使盆里土壤已不再适合花卉生长的需要。这时，更换新的培养土，增加有机质肥料就十分必要了。所以，即使在植物体形上还不需要更换大盆，但为了换上好的培养土，也需要换盆。

有些多年生植物，根系萌发力强，一般多以分株繁殖为主要繁殖方法。为了增加盆栽数量，需要把盆栽花卉由原盆内倒出来，将一株植物分为2株、3株或更多株。每一小株便需用一个花盆，于是原来的一盆便分成2盆、3盆或更多盆了。这种结合分株繁殖的换盆，盆子不一定要很大，一般和原来的盆子一样大小即可，如果分株较小，还可以用较原盆小一些的盆子。

有些植物，根的生长习性特别强，花盆限制不了根的生长，有时反而会被强根胀破。这时即使不分株，也需要立即换盆，而且换盆时把植物倒出原盆后，还必须进行修剪。下部剪去部分强根，上部剪去部分老枝，然后再把植物种入新盆内。这种换盆所需要的新盆子，一般应较原来的盆子稍大一些。如果仍用和原来大小一样的盆子，修剪就需要更多一些。

另外，某些盆栽花卉在盆内休眠，休眠期过后，要使其生长强壮旺盛，重新开花，也需要换盆。度过休眠期的盆花，地下部分常有干枯须根，地上部分常有枯枝，换盆时也要修剪。所换的盆子应较原盆稍大一些，有时用原盆也可。盆栽花木生长不良时，检查一下是否有烂根，是否有蚯蚓活动或盆里有虫害，如发现盆内有蚯蚓、烂根或虫害，就必须换盆。

草本植物篇

为什么金鱼草没有根也能生存

根对于植物来说太重要了。它要从大地吸收营养，再把营养和水分输送到植物的全身，让植物生机勃勃地生长。

金鱼草是生活在水里的一种植物，它没有根，而且生活得挺好。那么它在没有根的情况下是怎么生长的呢？

金鱼草整天在水里漂荡着，由于长期生活在水中，就慢慢地产生了适应在水里生活的结构。

在金鱼草的茎和叶里，有许许多多的空洞。这些小洞里贮存的是什么呢？——空气。靠着它，金鱼草就可以进行呼吸，而不至于被淹死在水里了。

它怎么吸收水分呢？金鱼草的茎和叶子表面的任何部分的细胞都能吸收水分，体内也有“运输大道”，可以把水分和气体输送到全身。所以，没有根，金鱼草也能吸收到氧气和水。

秋天，陆地上的植物会落尽叶子，营养贮存在根部进入“冬眠”状态。

金鱼草到了秋天的时候，枝顶就会长出叶子很密集的芽。这些芽就好像营养仓库，里面积累了许多淀粉。这样金鱼草变沉，就沉入水底去过冬了。

春天到了，芽子里的淀粉转变成脂肪，芽又变轻，金鱼草又漂上来了，于是又开始了一年里的生长。

为什么卷柏被称为"九死还魂草"

卷柏，是一种多年生的草本蕨类植物。它高5～10厘米，茎部是棕褐色的，分枝丛生，样子是扁平的，呈浅绿色。那么，卷柏为什么会有一个那么奇怪的俗名呢？

原来，卷柏有一种其他植物根本无法相比的极为顽强的抗旱本领。在天气干旱的时候，它的小枝就像一个个小手一样蜷缩起来。那缩成一团的可爱样子，很像小老虎的拳头，所以人们又喜爱叫它"老虎拳头"。卷柏通过蜷缩和枯萎来保护体内的最后一点水分，不被蒸发掉。这样，大旱时候就可以维持自己的生命了，到喜降雨水、空气湿润的时候，那些蜷缩着的小"拳头"就一枝枝舒展开，似乎是"死"而复生了。

那么，与其他植物相比，卷柏的含水量最低能保持在什么程度呢？

水生植物的含水量达98%，草本植物含水量达70%～80%，木本植物含水量达40%～50%，沙漠地区的植物最能抗旱，含水量有的只有6%，而卷柏的含水量降低到5%以下，仍然可以安然无恙地生存。所以，在大自然用干旱来考验各种植物的生命力的时候，卷柏是一个真正的优胜者。曾经有人做过这样一个有趣的试验，把卷柏压制成标本，放在标本橱中。过了好几年，把它拿出来浸在水中培养，只要温度合适，可敬可佩的卷柏竟又舒枝展叶开始"还魂"生长了。

为什么旅人蕉被称为草本植物中的"金刚"

地球上已发现的植物有40余万种，草的种类约占2/3强。这近30万种植物，统称草本植物。稻、麦、青菜等都是草本植物。

草本植物体形一般都很矮小，墙隅小草长不及2寸，稻子、小麦也仅1米上下。但是在草本植物这个大家族里，也有身躯庞大的“金刚”，它叫旅人蕉。这尊“金刚”，高20多米，有六七层楼高，是世界上最大的草本植物。

有趣的是，旅人蕉的叶片基部像个大汤匙，里头储存着大量的清水。这种植物原产于热带沙漠。旅行者携带的饮水喝光，燥渴难忍时，若幸运地遇到它，只要折下一叶，就可以痛饮甘美清凉的水。因此，人们给它起名“旅人蕉”；又因为它含水多，所以又叫“水树”。但是实际上它不是树，而是世界上最大的草本植物。

旅人蕉的家乡在非洲的马达加斯加岛，我国海南岛也有栽种。

为什么含羞草会“含羞”

许多人认为，植物是直立不动，没有知觉的。但是，当你用手轻轻地碰一下含羞草的叶子，它就像害羞一样，把叶子合拢来，垂下去。

含羞草竟然会动！你触得轻，它动得慢，折叠的范围也小；如果你触得重，它动作非常迅速，不到10秒钟，所有的叶子全折叠起来。

为什么含羞草会动呢？这全靠它叶子的“膨压作用”。在含羞草叶柄的基部，有着一个“水鼓鼓”的薄壁细胞组织——叶枕，里头充满水分。当你用手一触含羞草，叶子震动了，叶枕下部细胞里的水分，立即向上部与两侧流去。于是，叶枕下部像泄了气的皮球似的瘪下去，上部像打足气的皮球似的鼓起来，叶柄也就下垂、合拢了。在含羞草的叶子受到刺激做合拢运动的同时，产生一种生物电，将刺激信息很快扩散到其他叶子，其他叶子就会跟着依次合拢起来。不久，当这次刺激消失后，叶枕下又逐渐充满水分，叶子就会重新张开恢复原状。

含羞草的这种生理特性，是它对自然条件的一种适应，对它的生长很有利。在南方，时常会碰到猛烈的风雨，如果含羞草不在刚碰到第一滴雨点、第一阵疾风时就把叶子收起来，那么，狂风暴雨就会摧残含羞草的娇嫩叶片。

会动的植物不只是含羞草，大自然里，你还可以遇到许许多多这样奇妙的植物。

为什么藕会藕断丝连

藕折断了，在断面上却总是连着那么多丝，这是为什么呢？

不光是藕，荷梗里面这种丝还要多。如果你采来一枝荷梗，把它折成一段段，并且还可以把丝拉得相当长，做成像一长串连接着的小绿灯笼似的玩意儿。

这就要观察一下藕的结构了。原来植物要生长，需要有运输水分和养料的组织。植物运水的组织，主要是一些空心的长筒形细胞组成的导管。导管内壁在一定的部位特别增厚（而非全部一律增厚），形成种种纹理，有的呈环状，有的呈梯形，有的呈网形。而藕的导管壁增厚部却连续成螺旋状的，特称螺旋纹导管。藕和荷梗的维管束中，螺旋纹导管很多。在折断藕或荷梗时，导管内壁增厚的螺旋部脱离，成为螺旋状的细丝，很像拉长后的弹簧。

如果用锋利的刀去切藕或荷梗的话，就很少会在切口上看到这种丝，因为细胞间的连锁被破坏了，就跟弹簧被切断了一样。

种子果实篇

为什么成熟后的果实会变得软、红、甜、香

许多植物的果实,在成熟前和成熟后,像变戏法似的发生着变化。成熟前硬、青、酸、涩,成熟后软、红、甜、香。这是为什么呢?

原来,果实的硬度,主要决定于细胞之间的结合力。但是,这种结合力是受果胶影响的。在未成熟的果实中,果胶不溶于水,把果肉细胞紧紧地黏结在一起,因此果实较硬。随着果实的逐渐成熟,果实内果胶酶的活性增加,原果胶被转化为能溶于水的果胶。同时果肉细胞中的胶层果胶钙也被分解,这样细胞的黏结力减弱,细胞相互分离,所以成熟的果实吃起来就会感到松软。而此时,如果果肉细胞之间仍保持一定的黏结力,那么,果肉硬度就相应地增大,吃起来也就会觉得清脆爽口。

果实在成熟前大多呈绿色,即我们所说的青色。但到成熟时,果实就变成黄色、红色或橙色了。我们知道,植物体内含有叶绿素、类胡萝卜素和花青素等色素。香蕉、苹果、柑橘等果实在幼嫩时期,果实内叶绿素含量高,果实都是绿色;当果实成熟时,果实内一种叫叶绿素酶的物质会不断增多,并不断分解叶绿素,使叶绿素逐渐消失。这时候,潜伏在果实内的类胡萝卜素和花青素则逐渐显现出来。类胡萝卜素呈黄色、橙黄色或橙红色,花青素呈红色,所以果实就变得黄里透红了。

果实未成熟时,果肉细胞的液泡中积累了很多有机酸,因而具有酸味。

当然，不同的果实含有机酸也是不同的，例如，柑橘含有柠檬酸、苹果含有苹果酸、葡萄含有酒石酸。随着果实的成熟，果实内有机酸的含量会逐渐下降，有的转化为糖，有的参与呼吸生成二氧化碳和水，有的则被一些离子中和，果实酸味下降，甜味就增加了。

还有，未成熟的果实中存有许多淀粉。在果实成熟过程中，随着呼吸作用的增强，淀粉转化成了糖。因而，成熟的水果就特别甜。

未成熟的果实有涩味，因为它的细胞液中含有单宁。当单宁被过氧化氢氧化成无涩味的过氧化物，或者凝结成不溶于水的胶状物质时，涩味就消失了。

另外，水果在成熟的过程中还会产生一些特殊的脂类和醛类，而且具有挥发性。因此，我们就会感受到水果的香味了。

为什么香蕉没有种子

我们日常吃苹果、橘子、西瓜等水果时，总是看到有一粒粒种子，可是吃香蕉时，却看不到有种子。因此，在人们的印象中，好像它生来就是没有种子的。这样的想法，对香蕉来说，多少有点冤枉。

在植物界里，有花植物开花结籽，那是自然规律。香蕉是有花植物的一种，因此它也不例外。那么，为什么我们常吃的香蕉都没有种子呢？这是因为，我们现在吃的香蕉是经过长期的人工选择和培育后改良过来的。原来野生的香蕉也有一粒粒很硬的种子，吃的时候很不方便，后来在人工栽培、选择下，野蕉逐渐朝人们所希望的方向发展。时间久了，它们就改变了结硬种子的本性，逐渐地形成了三倍体，而三倍体植物是没有种子的。

严格来说，我们平时吃的香蕉里也并不是没有种子，吃香蕉时，果肉里面可以看到一排排褐色的小点，这就是种子。只是它没有得到充分发育而退化成这个样子罢了。

三倍体的香蕉没有种子，怎样繁殖呢？一般用地下的根蘖幼芽来繁殖，这就用不到种子了。

世界上最大的和最小的种子是什么种子

什么植物的种子最小？人们通常都会说是芝麻，因为人们常用芝麻来比喻小。其实，比芝麻小的种子还多着呢！种子的质量也可反映种子的大小，如以千粒重计算，芝麻是2～5克，烟草是0.14克，马齿苋是0.1克，四季海棠只有0.005克。也就是说，一粒芝麻比一粒四季海棠种子要重几百倍到上千倍。可是天鹅绒兰的种子小得更可怜，它细小得像灰尘那样，只要呼吸稍大一点，就会把它吹得无影无踪。可说它是最小的“小弟弟”了。至于大些的种子，如大粒蚕豆的千粒重可达200克。但还有比蚕豆重几千倍的种子。

究竟什么植物的种子才算最大呢？生长在非洲东部印度洋中的塞舌尔群岛上的一种复椰子树。它的种子算得上是植物界中的“大哥”了，可以在海上漂浮到印度、斯里兰卡、苏门答腊、爪哇、马来西亚、桑给巴尔沿岸等地。尤以马尔代夫群岛最多，故又名马尔代夫椰子。一粒种子长达50厘米，中央有个沟，好像两个椰子合起来一样，质量竟有15000克。

复椰子树的果实也像椰子一样，外果皮是由海绵状纤维组成的。去了外面的纤维层，可见到有硬壳的内核，这就是它的种子。

甜橙和柑橘有什么不同

每到秋冬，来自各地的水果汇集市场，真是丰富极了。南方的橘子、香蕉、柚子，北方的苹果、梨、柿子……它们各具特色，香甜可口，让人驻足挑选。就拿橘子来说，看了也够叫人眼花缭乱！什么黄岩早橘、南丰蜜橘、四川锦橙、广东新会橙，还有蕉柑、雪柑、芦柑等。为什么都是橘子，却有的称橘，有的称橙，还有的称柑？它们究竟如何区分呢？

原来，橘子的这些美名并非人们任意赐予的，它们都是依据植物的亲缘远近，由植物学家和果树学家加以科学的命名。柑橘这一属姊妹很多，除上面谈到的外，柠檬、柚子也都属于这一属，不过它们比柑橘容易区别。

其实，我们在吃橘子时，如果稍加留心，橘、柑、橙也并非不可区别。

橘子中有的皮很宽很松，极易剥去；有的皮较光，囊瓣包得也很紧，不好剥离。不易剥皮的橘子就是橙。橙又分酸甜两类，酸的称酸橙，不能吃，多作砧木用；甜的称甜橙，风味优良，是橘中的上品，如脐橙、新会橙、锦橙等都属这一类。橙还有一个明显的特点是种子较大，种子里面的胚为白色。若从果树的形态比较，甜橙的叶片比柑橘大，而且叶的基部还有翼叶，而橘、柑一般没有这个特征。

皮宽好剥的橘子又称宽皮橘，在我国广泛栽培。它们果皮较薄，囊瓣也大，可以一瓣瓣掰开，而甜橙囊瓣分离困难。柑、橘的种子种皮去除后，可以看到绿色的胚。

比较容易混淆的是柑和橘。因为它们同属宽皮柑橘类，彼此间特征大同小异。它们的果皮虽都易剥离，但柑稍难，而橘极易。果皮的海绵层柑也比橘厚。温州蜜柑、蕉柑等都是柑，而早橘、福橘、南丰蜜橘都是橘。

不过，由于各地群众习惯上称呼不同，有时在名称上也常有混淆之处。例如，温州蜜柑有些地方称它为无核橘；四川的锦橙，因它的果形长而圆，在当地也有称鹅蛋柑。这样，橘子名称的混乱更导致了人们概念上的模糊。

为什么枇杷、桃、杏的种仁不能生吃

枇杷、桃和杏都是人们爱吃的水果。但很少有人想到，它们那柔软多汁的果肉却包藏着一颗能致人死命的祸心——种仁。要是你误食了它们，轻则呼吸困难，瞳孔放大；重则惊厥、昏迷、抽搐，甚至死亡。

原来在这三种果实的种仁里，都含有一种属于氰苷类的化合物，叫作苦杏仁苷。这种化合物本身倒不是毒物,但它不太稳定,在一定条件下就会发生水解反应。这时,它分子中所含的羟腈部分,最终会变成氢氰酸游离出来。氢氰酸是一种剧毒化合物,它就是种仁使人中毒的根本原因。

那么,在什么条件下发生水解呢?

苦杏仁苷和其他苷类物质一样,可以在酸水中加热水解。此外,如果遇到一些特殊的酶类物质,如苦杏仁苷酶等,则在常温下遇水就迅速分解。更巧的是,这些特殊的酶恰恰就和苦杏仁苷同时存在于这些种仁之中。不过,当种仁完整时,它们在细胞中“互不干涉”。若一旦咬碎吃到胃中,苷和酶一起溶到胃液里,这时,酶再加上酸性的胃液,就会使苦杏仁苷迅速水解而产生氢氰酸。有人分析,有些杏仁中的苦杏仁苷含量有时高达30%,在枇杷仁和某些桃仁中含量也不低。因此,它们不能生吃。

当然,杏仁和桃仁都可以入药,杏仁止咳糖浆中就含有杏仁水。这是因为它们在配方中用量有所限制,而且往往经过煎煮,其中所含的酶都已被“杀死”,部分苷也被破坏,毒性已经降低了的缘故。而且奇妙的是,杏仁止咳的有效成分就是经过煎煮后残存的微量氢氰酸。

其实,要是杏仁和桃仁等都是苦不入口的话,那谁也不会去生吃它的。然而恰恰有的不苦或不太苦,而且富含油脂,清香可口,尤其吸引孩子们。据分析,某些甜杏仁或甜桃仁中多少还含着一些苦杏仁苷,约为0.5%。这样,要是生吃太多的话也会有危险。至于商店出售的杏仁罐头或杏仁粉等,已经过炒制,当然都是可以吃的无毒佳品。另外,还有种甜扁桃仁,又叫巴旦杏,则是一种专门吃种仁的干果,与上述三种水果是不同种类的植物。

为什么梭梭树的种子发芽最快

人们赞誉梭梭树是征服沙漠的先锋。盛夏的中午,烈日炎炎,无边无际的戈壁大沙漠被烤得滚烫,这时只有迎着热风顽强挺立的梭梭树,才给沙漠带来了生命的活力。

梭梭树能在自然条件严酷的沙漠上生长繁殖,迅速蔓延成片,这与它具有适应沙漠干旱环境的本领是分不开的。

梭梭树的种子,是世界上寿命最短的种子,它仅能活几小时。但是它的生命力很强,只要得到一点水,在两三个小时内就会生根发芽。因此,才能适应沙漠干旱的严酷环境。

竹子篇

为什么竹笋长得快

一夜春雨，竹园里常常满地冒出竹笋，并且几天之中就长成了竹子。所以我们形容某种事物蓬勃发展，就说好像“雨后春笋”一样。

为什么春季下雨后，竹笋长得特别快呢？原来，竹子是一种属于禾本科的常绿植物，它有长在地下的地下茎(俗称竹鞭)。地下茎是横着长的，中间稍空，和地上的竹子一样有节，而且节多而密，在节上长着许多须根和芽。一些芽发育成为竹笋或竹子，另一些芽并不长出地面，只在土壤里横向生长，发育成新的竹鞭。当它还嫩的时候，把它挖出来吃，就叫“鞭笋”。在秋冬时，芽在土壤里生长，外面包着笋壳，还没有露出地面，肥大的采掘出来就是“冬笋”。

地下茎节上的芽，到了春天天气转暖时，就会向上长出地面，外面包着笋壳，我们就叫它“春笋”。它吃起来也是很鲜美的，并可制成笋干、盐笋、玉兰片和罐头食品等远销各地。但这时候常常因土壤还比较干燥，水分不够，所以春笋还长得不快，有的芽暂时还待在土里，好像箭在弦上还没有射出去一样。要是下了一场透雨以后，土壤中水分一多，春笋就好像箭被射出去一样，纷纷蹿出土面。

春笋出土以后就长得非常快，如果要挖取多余的春笋作为食用，就必须及时，挖晚了春笋就长成竹子了。

为什么竹子不像树木那样会继续增粗

许多树木都会越长越粗。譬如加拿大白杨,刚栽下的时候只有筷子那么粗,以后一年一年地长,茎干就慢慢粗起来,十来年后就变成一棵很粗的树了。

可是竹子就不同了。竹子也能生长许多年,但是它的茎一出土面,就不再长粗了,年龄再大,也只能长这么粗。这是什么原因呢? 因为竹子是单子叶植物,而一般树木大多是双子叶植物。单子叶植物茎的构造和双子叶植物有很大的区别,最主要的区别就是单子叶植物的茎里没有形成层。

如果把双子叶植物的茎切成很薄的薄片,放在显微镜下面观察,可以看到一个个的维管束。维管束的外层是韧皮部,内层是木质部,在韧皮部与木质部之间夹着一层薄薄的形成层。

不要小看这层薄薄的形成层,树木长得这么粗,可全靠了它。形成层是最活跃的,它每年都会进行细胞分裂,产生新的韧皮部和木质部,于是茎才一年一年粗起来。

如果把单子叶植物的茎横切成薄片放在显微镜下面观察,也可以看到一个个的维管束。维管束的外层同样是韧皮部,内层是木质部,但是韧皮部与木质部之间,并没有一层活跃的形成层。所以单子叶植物的茎,只有在开始长出来的时候能够长粗,到一定程度后,就不会再长粗了。

竹子能长到多粗呢? 江西奉新县的一棵大毛竹,从地面根部到竹梢高22米,眉围粗58厘米,地面围粗71厘米,可说是毛竹之王了。

除竹子外,小麦、水稻、高粱、玉米等都是单子叶植物,所以它们的茎长到一定程度后就不再长粗了。

为什么竹子开花不多见

竹子与稻、麦等是近亲，同属于禾本科植物。稻、麦等作物开花，各有其时，但竹子开花并不常见。这是什么原因呢？

这得从有花植物的生活周期说起。

有花植物从种子开始，经萌发、生根、生长、开花、结实，最后产生种子，这叫完成一个生活周期。有的植物在1年或不到1年的时间里，完成了一个生活周期，植株随之死亡，这类植物属于一年生植物；有的植物在2年或跨2个年头的时间里，完成了一个生活周期，植株随之死亡，这类植物属于二年生植物；有的植物要经过几年生长以后，才开始开花结实，但植株却能活上多年，这类植物属于多年生植物。竹子虽能生活多年，但不像常见的多年生植物那样，在一生中可多次开花结实，而是只开花结实一次，结实后植株就死亡，因此属于多年生一次开花植物。

我们知道了竹子不同于多年生多次开花植物的道理，也就明白了不见竹子年年开花的原因了。

竹子要生长多少年以后才开花呢？

这谁也说不清楚。因为竹子在平常年景一般都不开花，只有在遇上反常的气候时，才大量开花结实，以产生生活力强的后代去适应新的环境条件。有人做过试验，用覆盖法减少雨水下渗竹蔸，或者挖开竹蔸下的泥土，使竹子处于干旱状态，结果一些竹子开花了。农谚说“竹子开花大旱年”，就是这个道理。竹子在开花前，出笋减少或不出笋，叶枯黄脱落，开花结实后，养分消耗殆尽，植株便枯萎死亡了。

为什么竹子会连片开花，开花后又连片死亡

原来，竹子是竹连鞭、鞭连竹的植物。鞭就是主茎，埋于地下，而竹是主茎的分枝，长于地上。一丛竹或一片竹林，看似毫不相干，但地下的竹鞭却是纵横交错、互通养分的。因此，竹子的开花和死亡常常会连在一起。

竹子开花会给竹业生产带来损失，因此种竹人都不希望竹子开花。除不可抗拒的自然条件外，一般对竹林加强管理，经常松土、施肥、防治病虫害和合理砍伐更新，可使竹林长期处于营养生长阶段，推迟竹林开花的时间。如果发现竹林中有开花植株，应及时将它伐除，并立即对竹林进行松土、施肥，一般也能防止开花植株继续蔓延。

农作物篇

为什么葵花天天"追"日

碧绿挺拔的茎,肥大厚实的叶子,金黄色的大花盘镶嵌着许许多多未成熟的籽,这就是人们熟悉的向日葵。向日葵是很好的油料作物,人们都喜欢利用空地种植它。

大家都知道,葵花有个奇妙之处,它那花盘总是跟着太阳转,不论太阳移到何处,那金黄的大花盘都"仰着脸"转到何处。难道,花盘格外钟爱太阳的身姿?

当然不是,奥秘在花盘下面的茎干里。

在花盘下的茎干里有一种奇妙的物质,暂且把它称作"植物生长素"。这种物质细胞能快速分裂、繁殖。可这"植物生长素"却有个怪特点,"羞"于见太阳,每当太阳照射到葵花上,它就会自动集合到背光的一面,然后去刺激背面的细胞分裂、繁殖,使背光一面总比向光一面长得快,使得花盘朝着太阳弯曲。

每天清晨,太阳从东方升起,阳光照射在葵花身上,植物生长素就躲到西边背光的地方刺激细胞生长去了。当太阳慢慢地在空中移动时,植物生长素就像跟太阳"捉迷藏"一样慢慢地背着太阳转。就这样,爱背光的植物生长素使得大花盘不得不老跟着太阳转,因此得名"向日葵"。

很多植物的叶子也像葵花一样,总是向着太阳。这个特点在植物学上叫“向光性”。但是,也有些叶子恰恰相反,总是背着太阳转。因此,葵花的这个特点叫“正向光性”,而背着太阳旋转的叫“负向光性”。

植物的幼苗总是向阳光的方向弯曲,这是谁在起作用?你一定也猜到了——植物生长素。

为什么南北引种往往不开花或只开花不结实

曾经发生过这么一件事。广东的农民看到河南有一种小麦长得很好,能够结很多麦粒,可以获得丰收,于是把这种小麦的种子买了种在自己的土地上。因为广东天气比较暖和,小麦果真长得很好,也长得很快。哪知这些小麦只是生长,却“忘记”了抽穗开花。别的本地小麦都已结实并开始收割了,而这些外来小麦却一点开花的意思都没有。

也曾有人把东北晚熟的大豆种子拿到南京去种,可是豆株还没有长得足够大就开花了,所以也结不出果实来。

这到底是什么原因呢?植物要怎样才能开花结实呢?原来植物要开花结实,必须通过发育的每一个阶段。

我们把植物的发芽、抽枝、长叶和个体长大叫作“生长”;把孕蕾、开花、结实等经过叫作“发育”。植物能不能发育，要看环境条件是不是合适。

经过进一步研究，发现植物从种子发芽到开花结实的生长发育过程是分阶段来进行的。而在完成每一阶段时都需要适当的外界条件，没有合适的外界条件，这个阶段的发育就不能进行而长期停顿在那里。如冬小麦等一二年生的作物，至少要完成两个发育阶段，才能开花结实。小麦在发育的初期，除需要水分和空气外，还需要一定的温度才能完成第一个发育阶段，通常叫作“春化阶段”。冬小麦是冬性植物，它通过春化阶段，需要在0～3℃的温度下生活30～40天。如果冬小麦生长期内没有这么一段低温的时间，那么，它便不能通过春化阶段；要是缺少了春化阶段这一环，也就不能开花结果。冬小麦在第二阶段也就是通常所说的“光照阶段”的特殊要求，是白昼较长的光照条件，栽植地区有了这些条件，冬小麦才能顺利地完成这两个发育阶段，才能在初夏开花结实。河南的冬小麦第一个发育阶段的要求是河南寒冷的春天，而不是广东较暖和的气候，因此河南的冬小麦种在广东得不到低温，满足不了春化阶段的需要。完不成第一个发育阶段，所以也就不开花结实了。

东北的晚熟大豆是春天转暖以后才播种的，它的第一个发育阶段不需要特别低的温度，但是，它的第二个发育阶段却需要白昼较短的光照。大家都知道，夏天比冬天日长而夜短，并且越是北方白天也越长。东北晚熟的大豆，通常是过了盛夏，在秋季光照较短的情况下才完成第二个阶段的。但是移到南京去播种时，那里夏天的白昼比东北短，因此大豆很快就度过第二阶段，等不到植株长成就开花了。

所以说，有些植物并不是随便种在哪一个地区、哪一时期都能完成它的发育、开花、结实的。掌握了光照和温度对植物发育生长影响的原理，就能为植物的引种、调种提供依据，不致发生意外的损失。

怎样培育无籽西瓜

西瓜里总是含有一大堆种子，吃的时候，要把它吐出来。现在，人们已培育出没有籽（实际上是有籽的，不过种子还没有发育）而又多汁甜脆的西瓜。

这是人类认识自然、改造自然的结果。原来在自然界里，除极大多数需要开花结籽传种接代的植物外，也有一些只结果实不结籽的植物。人们对这些不结籽的植物进行了观察研究，发现它们多半是三倍体植物。所谓三倍体，就是它们的体细胞（根、茎、叶等器官的细胞）的染色体数，为性细胞（花粉和卵细胞）的三倍。植物的体细胞的染色体数通常只为性细胞的2倍（性细胞的染色体数称为单倍），所以叫作二倍体植物。只有染色体为偶数倍的植物才能产生种子。普通西瓜是二倍体植物，染色体数是22个，配成11对，所以能传种接代。无籽西瓜是三倍体植物，它的染色体数是33个，当细胞分裂时，染色体分配不平衡，就造成了严重的不孕，结不出种子来，所以果实里绝大部分是无籽的。

有些植物在环境条件剧烈变化下，会发生突变，能使体细胞的染色体

加倍。现在人们常用一种生物碱——秋水仙素溶液来处理植物的种子，就能培育出多倍体植物。

为了培育三倍体西瓜，人们首先用0.01%～0.4%的秋水仙素溶液浸泡普通西瓜的种子，或者涂抹它的幼芽，来获得四倍体的西瓜植株的种子。然后种四倍体西瓜种子，用普通西瓜作父本，四倍体作母本，进行杂交，这样就获得了三倍体西瓜种子。用三倍体西瓜种子种植，还不会产生出无籽西瓜。因为三倍体植株上雄花的花粉已失去了机能，没有授精的能力，必须把普通二倍体西瓜的花粉授到三倍体植株的雌花上，才能长出无籽西瓜。所以我们在瓜田里看到，三倍体西瓜和二倍体西瓜混种，有利于昆虫传粉。

目前正在研究用组织培养方法进行无性繁殖。久的将来，瓜农就可大量栽培无籽西瓜了。

怎样鉴别西瓜的生熟

夏天，当你汗流满面、感到口渴时，吃个西瓜，那清甜的汁水，是那么鲜美解渴。西瓜真可说是夏季最受人们欢迎的瓜果了。可有时候，当你满心欢喜地捧来一个西瓜，切开一看，不觉眉头皱了起来，只见一腔瘪瘪的小白瓜子，瓜肉淡而无味，活像一个冬瓜，真是大为扫兴。

其实，西瓜同其他瓜果一样，都有一个生长、发育到成熟的过程，在什么时候采摘最适宜，要根据人们的需要而定。譬如，我们熟悉的丝瓜，食用部分就是它那幼嫩的子房，丝瓜花谢后只要经过2个多星期，细长的嫩瓜果肉厚实、多汁，是很美味的蔬菜。如果等它熟透了，成了里面布满丝瓜筋和黑瓜子的老瓜，还怎么能拿来做菜呢？对于西瓜来说，就与丝瓜相反，我们需要的是植物学上称为成熟的果实。西瓜花落后，子房随种子的成熟而渐渐膨大起来，根部吸收的水分和矿物质，叶子进行光合作用制造的糖分，源源不断地向西瓜这个“仓库”运去。经过40～60天(有的品种还要更长些)，瓜才成熟。成熟的西瓜瓜皮上的茸毛没有了，溜光透亮，果梗旁边的卷须渐渐枯萎，瓜脐向里凹陷，西瓜与土地接触的那一面已变成黄色，这样的瓜八成是熟瓜。西瓜摘下来后，用手指敲敲，听瓜发出来的声音也可判断瓜的生熟。声音沉闷的是熟瓜，声音像敲木鱼般的是生瓜。此外，如果把一个西瓜放到水里，瓜往上浮，那十拿九稳是熟瓜了。这时的西瓜，种子充分成熟，瓜肉组织里充满了水分和大量的糖分，内部的生理变化通过外部形态表现了出来。你了解了这些知识，判别西瓜的生熟就不困难了。

为什么吃菠萝时要先蘸盐水

菠萝又名凤梨，是一种多年生的草本植物，叶子呈剑状，密生，边缘常有利刺，是著名的热带水果。它原产美洲的巴西，以后逐渐传到美洲中部和南部。我国从17世纪开始引种栽培。

成熟的菠萝，果肉多黄色，汁多，富含营养，具有一种特别的香甜风味。但是，人们在吃这种香甜的水果时，却喜欢把切成小块的果肉先蘸蘸盐水，这是为什么呢？

菠萝的果肉除含有丰富的糖分和维生素C外，还含有不少苹果酸、柠檬酸等有机酸。在成熟的菠萝果肉里有机酸含量较少，糖分含量较多，鲜食香甜可口。但在未成熟的菠萝果肉里，有机酸含量较多，糖分含量较少，味道较酸。当你吃过没有蘸盐水的菠萝果肉后，口腔和嘴角就有一种麻木刺痛的感觉。这是因为菠萝果肉里还含有一种“菠萝酶”。这种酶能够分解蛋白质，对于我们口腔黏膜和嘴唇的幼嫩表皮有刺激作用。食盐能抑制菠萝酶的活动。因此，当我们吃鲜菠萝的时候，先蘸蘸盐水，就可以抑制菠萝酶对我们口腔黏膜和嘴唇的刺激，也就感到菠萝更加香甜了。

菠萝酶是一种蛋白酶，有分解蛋白质的作用，因此吃了菠萝后有增进食欲的作用。但是，过多的菠萝酶对人体又会产生一种副作用，会引起肠胃病。因此，在吃菠萝时应该注意方法和适量，这样才能真正品出菠萝的美味来。

菠萝也是制造罐头食品的好原料。它的果皮、果心等,还可用来制成菠萝汁、菠萝酒、菠萝醋和提制柠檬酸、菠萝蛋白酶等。

为什么有的瓠瓜、黄瓜会发苦

瓠瓜(一般叫作夜开花)烧肉是我国南方初夏的美味佳肴,但有时会碰到瓠瓜发苦,连肉也苦得不堪食用。在北方,人们喜欢吃肉脆汁多的黄瓜,生吃别有风味,可是有时吃到尾端,却苦得使人舌头发麻。瓠瓜、黄瓜为什么会发苦?种瓜的人往往猜测是瓜藤被脚踩伤了;有的人却认为种瓜时施肥过多了,各人的说法不一。

瓠瓜、黄瓜都是葫芦科植物。这类植物的祖先"野生种"含有苦味物质——葡萄苷。在长期的选择培育中,把含有苦味物质的野生种,逐渐培育成了不含苦味物质的栽培品种,成为现在的酥软质嫩的瓠瓜和肉脆味甘的黄瓜。但是,在生物界中,往往有个别的植株表现出"祖先"的性状,就出现了"苦瓠瓜"或"苦黄瓜"的植株,这株苦植株结的瓜就是"苦瓠瓜"或"苦黄瓜"了。这种情况叫"返祖现象"。也就是说,它们的苦味是祖先遗传下来的。

我们可以做一个试验。把"返祖现象"植株的苦味瓜种子留下来,第二年种下去,长出的瓠瓜或黄瓜仍带苦味。如果把苦味瓜的花粉授在不带苦味瓜的雌蕊上,或者把不带苦味瓜的花粉,授在苦味瓜的雌蕊上,第二年播种它们各自结的种子后,长出的瓠瓜或黄瓜都带苦味。从这个试验可知,瓠瓜、黄瓜带苦味是遗传的,而且由一对显性基因所控制。

知道了出现苦味瓜的主要原因,就可采取措施加以预防。首先要把有苦味的瓠瓜和黄瓜品种淘汰,这项工作应该在选留种时开始进行。其次,改进栽培管理,合理施肥、灌溉,促进植株正常生长,也是防止发生苦味瓜的必要措施。

为什么韭菜不怕割

韭菜是我国特有的蔬菜。韭菜的最大特点就是一年可以收割好几次，所以供应的时间很长，春、夏、秋、冬四季几乎都可以吃到韭菜。

韭菜是一种多年生的草本植物。它在地下长着不太明显的鳞茎，在鳞茎里储藏了许多营养物质。就是依靠这些营养物质，使韭菜割掉以后能很快地再生长。

韭菜有一个特有的优点：叶子生长得特别快。当把它的叶割去以后，新的叶子就会很快地再生长。

韭菜在北方多半是春天或夏天播种，春播在4～5月下种，到7～8月就可以定植；夏播在7月下种，要到第二年4月定植。南方多半是秋播(10月下种)，到第二年秋天定植。

定植后经过半年，即可以收割。但是，为了使地下的鳞茎生长得好一些，常常要等秧苗生长1年以后才开始收割。以后每隔30～40天就可以收割一次。如果管理得好，则自春天到秋天可以收割4～6次。

在每次收割以后，要把地面耙平，使畦面土壤疏松，并且当新叶长出土面时，就该及时进行施肥和灌溉。这样到七八月间，韭菜就会抽薹开花，还可以吃它鲜嫩的苔。

韭菜种下三四年以后，就有些衰老了，必须将老株挖掉，重新栽植，否则，它的叶子就不会长得很旺盛，产量也就大大降低了。

为什么胡萝卜富含营养

胡萝卜是一种栽培历史悠久的蔬菜。它在欧洲已栽培2000多年了。古代罗马人和希腊人对它都很熟悉，在瑞士曾发现过它的化石。在13世纪时，胡萝卜由小亚细亚传入我国，加上它有一个像萝卜一样粗、长的根，这就是“胡萝卜”名称的来历。

胡萝卜主要含有丰富的胡萝卜素，以及大量的糖类、淀粉和一些维生素B和维生素C等营养物质。特别是胡萝卜素，它经消化后水解，变成加倍的维生素A，能促进身体发育、角膜营养、骨骼构成、脂肪分解等。

是不是所有的胡萝卜都富含胡萝卜素呢？胡萝卜的根有红、黄、白等几种色泽，其中以红、黄色居多。经分析，胡萝卜根的颜色越浓，含胡萝卜素越多。每100克红色胡萝卜中，胡萝卜素的含量可达16.8毫克；每100克黄色胡萝卜中，只含10.5毫克；而白色胡萝卜中，则缺乏胡萝卜素。同一种胡萝卜，生长在15～21℃的气温条件下，根的色泽较浓，胡萝卜素的含量就高；如生长在低于15℃或高于21℃的气温条件下，根的色泽就淡些，胡萝卜素的含量也低些。土壤干旱或湿度过大，或者氮肥用量过多，也会使胡萝卜根的颜色变淡，胡萝卜素含量降低。

许多豆类和蔬菜经煮熟后，它们所含的蛋白质和维生素C就会凝固或破坏，供人体吸收的营养已不多。胡萝卜素则不然，它不溶于水，对热的影响很小，经炒、煮、蒸、晒后，胡萝卜素仅有少量被破坏。所以，胡萝卜生、熟食用都适宜，尤其是煮熟后，就比其他蔬菜的营养价值高得多了。

为什么大蒜能抑菌

提起大蒜头，人人都熟悉。雪白的鳞茎，有的披紫皮，有的披白皮。烧鱼时放两瓣大蒜头，既能除腥，又能增加鱼的香味。酱油中放一点蒜泥，可以防止酱油霉变“起花”。春夏之际，青翠的蒜苔还是人们爱吃的蔬菜。

大蒜头除作蔬菜外，也是人们向疾病做斗争的良药。在古埃及、古希腊时代，人们就用大蒜防止瘟疫、治疗肠道病。俗话说“病从口入”，如果嘴巴里嚼烂一瓣蒜，就能消灭口腔中的病菌。大蒜还可防治农作物病虫害，将大蒜头捣烂加水，喷洒在棉花上可以杀死棉铃虫。

大蒜能杀菌、防治作物病虫害是因为它含有一种叫大蒜辣素的挥发油，简称“蒜素”。这种物质具有极强的杀灭各种真菌、细菌、病毒的能力。科学家曾做过一个试验：将大蒜捣烂，用吸管吸取蒜汁，滴入培养了许多白喉杆菌的培养皿里。过一会儿在显微镜下观察，凡蒜汁流淌过的地方，白喉杆菌都死光了。蒜素的杀菌威力非常强大，几乎是青霉素的100倍。在第二次世界大战期间，苏联医生用大蒜制剂拯救了无数反法西斯战士的生命。

大蒜还含有许多微量元素锗和硒，对防止心脑血管疾病和癌症有很多好处。经常吃大蒜的人不大会患冠心病，因为大蒜中的硒能保护心脏、降低胆固醇、治疗高血压。锗能提高人体中巨噬细胞的消化能力。巨噬细胞不但能吞吃有害病菌，还能把癌细胞一个个吃掉，起到抗癌、防癌的作用。正因为大蒜对人体有这么多好处，所以国际上十分风行大蒜食品，如大蒜面包、大蒜果酱、大蒜冰淇淋、大蒜蛋糕、大蒜酒等。大蒜虽有那么多好处，但它那股辛辣的“臭味”，使许多人避而远之。其实，蒜臭并不可怕，只要嚼几片茶叶、吃几个大枣就可以解除掉。蔬菜育种家为了克服大蒜的蒜臭缺点，正在培育无蒜臭的大蒜，而且已取得了成功。

为什么玉米和大豆间种能增产

玉米和大豆种在一起，按道理来说，大家都争夺地里的养料，可是说也奇怪，它们却很合得来。原来玉米和大豆这两种植物都各有它们的脾气。

玉米是个高个子，喜欢阳光，根系扎在土里比较浅，主要是吸收利用上层土壤里的养料，生长期中需要氮肥比较多。而大豆则不同，与玉米比较是个“小弟弟”，稍能耐阴，但根系在土壤里扎得比玉米深，能够吸收利用下层土壤里的养料，需要氮肥不多，却需要多量的磷、钾肥。因此，玉米和大豆种植在一起，不但不互相争夺养料，反而很合得来，这样既利用了土地，又利用了阳光。

玉米和大豆种在一起,由于枝叶茂密,覆盖了地面,这样能抑制杂草的生长,减少土壤水分的蒸发,提高抗旱能力。大豆根上有根瘤菌寄生,能吸收空气中的氮气,制造成氮肥。这些氮肥一部分被大豆吸收了,另外一部分可以供给玉米的需要。因此,这两种作物种在一起都能长得茂盛,比单独种一种作物的产量要高得多。

如果要把它们种在一起,需要注意的是:因为玉米从地里吸收的肥料比大豆多,因此在肥沃的土地上可多栽些玉米;反过来,在瘦地上则要多种些大豆。进行间种时,一般是玉米采用宽窄行相间种植的方法,在宽行内种上几行大豆;或者玉米采用宽行窄株的种植方法,在两行玉米之间种上一行大豆,这样能得到充足的阳光,空气也比较流通。更要注意的是:玉米和玉米之间的距离不能太近,以免影响大豆的生长发育。间种的品种也必须适合,通常大豆与玉米间种时,玉米最好选用矮秆的品种,大豆最好选用茎蔓直立、结荚比较集中的品种,以免遮光过多。大豆的成熟期和玉米不要相差太远,以免影响后茬作物的种植。

为什么同一个玉米棒上会有不同颜色的子粒

在采收玉米的时候,你有时会发现同一个玉米棒上常常有几种不同颜色的子粒,白的、黄的、红的,非常美丽,有的人叫它“飞花玉米”,这是什么原因呢?

原来玉米的故乡是在很远很远的中美洲,由于它产量高,不怕旱涝,能在山坡上种植,所以世界各地都有栽培。由于各地的气候、土壤、水分等外界条件各不相同,栽培方法也不一样,时间一久,就形成了很多个品种,如硬粒玉米、甜玉米、粉质玉米、蜡质玉米、有稃玉米等。它们各有各的特点:甜玉米的子粒里含有丰富的糖分,适宜于嫩时食用;硬粒玉米产量很高,但是它含有很多硬质淀粉,所以适宜于磨粉吃;有稃玉米的每一子粒外面都有几层干膜片包住。每一个品种的玉米又有好几种颜色。各个品种各种颜色的玉米之间都是可以杂交的。

玉米是异花传粉的植物，靠风来传粉，风可以把秆顶的雄花花粉撒落在雌花的株头上，也可以把花粉吹到别株的雌花上。

在自然情况下，各种玉米的花粉随着风在空中飘荡，所以很容易相互之间进行杂交，结出各种颜色的子粒来。例如在黄玉米的附近种植白玉米，在交接的地方特别容易产生“飞花玉米”。

在玉米开花时，你还可以做一个有趣的试验：把白色玉米雄花上的花粉收集起来，撒到红色玉米苞顶上露出的雌花的花柱上，这样结出的玉米棒上，就混杂有白、红两种颜色的子粒了。

为什么棉花会落蕾铃

棉花上结的蕾铃往往很多，但是到最后真正能吐絮的却不多，大部分都在未成熟时脱落了。这是棉花的一个最大的弱点。在生产实践中，棉花蕾铃的脱落率一般在60%以上，高的达70%～80%，甚至有90%的。棉花在开花后4～8天的幼铃最容易脱落，所以在盛花期后几天中是棉花脱铃最多的时期。在一般情况下，从一株棉花看，上、中、下三部分果枝上的蕾铃中，上部脱落较多；以一根果枝来说，靠近主茎的第一果节脱落最少，越向外侧，脱落越多。

蕾铃脱落的原因，除病虫危害和机械损伤外，更主要的是棉花本身生理上的原因。这在国际上还是个悬而未决的问题，科学工作者至今正在努力研究。根据现在生产实践和科学研究的结果来看，棉花蕾铃大量脱落的主要原因是有机养料的运输分配不当。棉花从现蕾到开花、结桃、吐絮，需要很多有机养料。有机养料不足，长不好花蕾，有的没有开花就脱落了；有的开了花，没有受好精，也结不了桃；有的结了桃，也保不住。阳光对棉花生长的影响也很大，人们注意到，在棉田边上的棉花，往往棉株茎干壮健，果实比较多，脱落比较少；可是深入到棉田里面，情况就两样了，结铃数少，脱落就多。从放射性同位素追踪的研究，知道阳光对棉叶同化产物运输的方向是有影响的。深入棉田里面，大部分棉叶被遮住了光，遮光的叶，不仅不能输出养料，相反地，还要吸收其他叶片输入的养料。因此，养料的输出变为养料的输入，就减少了向蕾铃的输送，这就导致蕾铃的脱落。其他如养料分配不当，棉花营养生长和生殖生长产生不协调，也对蕾铃脱落有很大影响。

针对这些原因，我们必须注意合理密植，及时整枝；防止肥水等农业措施不当，造成棉株徒长；要控制棉田过早封行，造成中、下部棉叶相互遮光。这些都能使棉叶的同化产物运输分配发生变化，影响蕾铃脱落的增减。

当然，田间全面管理都很重要，必须因地制宜地综合运用。例如，施肥要匀，在基肥不足、追肥用量不多的情况下，追肥应当集中使用于棉株生长的初期；而在基肥充足、追肥用量也多的情况下，前期追肥用量宜少，大部分追肥应在初花期后分次施用；另外在棉株生长后期也应适当追施氮肥，争取多结秋桃。只有这样，才能使棉株内的养料充足，运输分配得当，减少蕾铃脱落，获得丰收。

为什么要给棉花整枝

棉花整枝对增产有很大作用。这是因为，整枝以后，首先调整了棉株内部的营养状况，减少了养料的无益消耗，使棉铃得到更充分的养料，满足它生长发育的需要，从而可以减少蕾铃脱落和提早成熟。其次，整枝之后，改善了棉田的通风透光条件，棉田小气候也得到改善，提高温度，降低湿度，使下部花蕾得到充足的阳光，提高结铃率，并能抑制病虫活动，减少烂铃。

棉花的整枝技术，有打叶枝，打顶，打边心，打老叶、病叶和空枝，抹赘芽等。由于棉株的生长情况不同，整枝的时期和方法也应有所不同，不能千篇一律，应根据每株棉花的生长情况等，灵活应用。

(1)打叶枝。棉花的叶枝(也叫营养枝或雄枝)不直接开花结铃,但是消耗养料多,致使果枝推迟开花结铃,而且叶枝生长迅速,会造成过分荫蔽,光照不足,常导致植株徒长,增加蕾铃脱落,因此要把叶枝摘去。摘叶枝一般在棉株现蕾后,能够辨别清楚果枝和叶枝的时候进行。

(2)打顶。在棉株长到一定时期后,将棉株主茎的顶芽摘去,这叫作打顶。打顶的目的,主要是防止结铃后期主茎顶芽无限制地向上生长,消耗养料,使养料能集中供给蕾铃发育,这样就可以减少蕾铃脱落,增加结铃和提早收花。这是棉花整枝技术中最重要的一项。一般来说,打顶时间最好在当地早霜期以前75天左右。一般在大暑(7月下旬)到立秋(8月上旬)之间分批进行比较适合。

(3)打边心。果枝的顶梢叫边心。打边心就是将果枝的顶梢摘去。打边心的作用主要是阻止果枝的顶芽向旁边继续生长,调节棉株内部营养,改善通风透光,从而可以减少蕾铃脱落,增加产量。打边心一般应该分批进行,以早打、轻打为宜。打边心的时间,应选择在果枝上有一定数量的果节时进行。一般中下部的果枝留3~4个花蕾,上部留2~3个花蕾就行了。并应以棉株的果枝互不交叉和棉田不发生严重荫蔽为原则。

(4)打老叶、病叶和空枝。在棉株密度较大,生长茂盛,发生郁闭,有碍通风透光时,在开花期,可适当打去主茎下部的老叶、病叶,使棉田透光通风良好,降低湿度,减少烂铃。到吐絮期,如果棉株仍有郁闭现象,还可继续打主茎下部的老叶,并剪去蕾铃完全脱落的空果枝,以减少荫蔽。

(5)抹赘芽。打顶过早时,棉株主茎甚至果枝各节,常常生出许多小叶枝芽。这些芽一般不能结果,既消耗养分,又容易造成荫蔽,影响棉花蕾铃的发育,所以叫作“赘芽”,应当随见随摘。

试验证明,经过整枝的棉花,落蕾现象可减少18%左右,落铃可减少7%左右。

番薯越藏越甜吗

大家都有这样的经验,番薯越藏越甜。

原来,番薯的块根里含有很多淀粉(平均为20%),淀粉转变成为糖,番薯就有甜味了。在生长期间,温度比较高,薯块只积累淀粉,糖分很少,而且由于水分比较多,所以这时挖个薯块来吃,甜味较淡。储藏以后,由于温度渐渐降低,薯块里的物质随之发生变化,淀粉天天减少,糖分天天增多,水分减少了,所以番薯就越藏越甜了。

当然,藏得太久也不好,因为薯块会腐烂的。

一般储藏番薯的方法,是在地下挖一个坛子形的窖来储藏,天热时打开窖口出气,天冷时盖住窖口保暖,可以保证薯块到第二年下种时还是新鲜完整的。

马铃薯的薯块是茎而番薯的薯块是根吗

你可曾注意过,从泥土里挖出来的马铃薯的薯块是地下的茎形成的,而番薯的薯块却是由根形成的。

怎么知道这种区别呢?挖马铃薯的时候,你仔细地看看就会明白了。马铃薯薯块是生长在一种在地下横走的茎的顶端。横走的茎长到一定的时候,顶端就膨大起来,形成了薯块。因为样子变得粗厚了,往往容易骗过人的眼睛。你拿一块马铃薯薯块仔细检查一下,就会发现它的表皮上有许多小孔,孔里有芽,孔边上有一道像眉毛般的痕迹,孔和这道痕迹很像眼睛,因此植物学上称为芽眼。如果把各个芽眼用线条连起来,就会发现,芽眼在薯块上是按螺旋次序排列的。芽眼里的芽,可以抽出枝叶来。那眉毛般的痕迹又是叶子(鳞片形叶)留下的残痕。这些突出的特征,就是一般植物茎的特征。

我们再看一下番薯,番薯的薯块虽也能长芽,但是芽的位置很乱,没有一定的排列顺序,又没有像马铃薯薯块那种叶子的痕迹,这些都是根的特点。挖番薯的时候你仔细看看,可以看出番薯的薯块是由主根上长出的侧根和不定根膨大而形成的,所以叫作块根。

为什么发了芽的马铃薯不宜吃

马铃薯储藏在菜窖里,常常会发绿变青,时间长了还会长出嫩芽来。通常,在地里培土培得不够高,或者地窖里漏进阳光,也会使马铃薯发绿变青。

别的东西发了芽不要紧,还可以吃。拿黄豆来说,人们还特意把它泡水发芽,变成黄豆芽吃呢。然而,如果不把马铃薯发青、发芽的地方切割干净,那么人吃了就会呕吐、发冷,造成中毒。这是因为马铃薯在发芽时,在芽眼周围会产生一种剧毒的物质——龙葵素,人吃了就会中毒,所以要把发芽的和发青的部分挖干净才能吃。

因为马铃薯是块茎,表皮细胞含有叶绿素,如果表皮见到了阳光,就会形成叶绿素,呈现绿色。

防止马铃薯发青的方法很简单,在生长期间应经常注意培土,不让薯块裸露土面;作为食用的薯块收回来后,不宜长期曝光储藏,经晾干后,必须及时转移到黑暗的场所,就可避免表皮发青。至于发芽,一般马铃薯块茎,都有两三个月休眠期,即采收后两三个月里不会发芽。所以,一般食用的马铃薯最好在采收后两三个月内吃完。如果留种用的薯块,为防止它发芽,可用植物生长刺激剂萘乙酸甲酯来处理,效果非常显著。因为萘乙酸甲酯对马铃薯的发芽有抑制作用。

为什么发霉或发芽的花生不能吃

在梅雨季节,我们常常会发现许多花生上长了一层灰绿色的霉。发霉的花生究竟能不能吃呢?一般来说,发霉的花生不能吃。

为什么不能吃呢?

我们看到的霉,就是霉菌在花生上大量繁殖后形成的肉眼可见的菌落。花生含有丰富的蛋白质、脂肪和碳水化合物,正是霉菌生长的良好培养基,在适宜的温、湿度条件下,很容易被霉菌侵染。而霉菌为了生长繁殖,就要大量消耗花生所含有的有机物质。因此,发了霉的花生从它的营养和食用价值来讲,比正常的花生要低得多。另外,有些霉菌还会分泌出有毒的代谢产物,如果被这种有毒的菌种感染,也会污染上毒素。

目前发现,有许多霉菌能产生有毒物质——霉菌毒素。世界上现在研究最多的是黄曲霉素,它是黄曲霉的代谢产物。黄曲霉在温度为30~38℃、相对湿度为85%时,就会在花生上大量繁殖。其中,有的菌株就会产生这种毒素。黄曲霉素对绝大多数动物表现出很强的急性毒性,而且具有明显的致癌作用,对人畜的健康威胁很大。1960年英国南部及东部地区有10万只火鸡吃了发霉花生粉后,很快都死了。事后,从这些发了霉的花生粉中分离出一支霉菌,就是黄曲霉,正是它产生的黄曲霉素造成了10万只火鸡的死亡。后来,有人用含黄曲霉素的饲料喂养猴子,发现可以诱发肝癌。也有人调查过非洲某些地区原发性肝癌的发病率很高,这与当地居民长期食用发霉的花生有关。因此,发霉的花生及其制品很可能被黄曲霉素污染,如果食用,就会直接危害人的健康。

什么是油瓜

油瓜的个头虽然不太大,可它的种子却比南瓜、西瓜的种子大60~100倍,有鸭蛋那么大。它开花结果以后仍然继续生长,是一种多年生的常绿木质藤本植物。

油瓜种植1~2年内就开花结果,雌雄异株,一年开花两次,即春花和秋花。一棵雌株可结30~50个像小西瓜那样大的果实。每个果实有6~8个如鸭蛋般大的种子。种仁的含油量高达70%~80%,一般12~18个果实就可以榨油0.5千克,是一种很好的油料植物。因为它从野生变家生的时间还不长,在高产栽培方面的技术还没有完全解决,目前仍处在引种试种阶段。

油瓜和一般栽培瓜类一样,都是靠昆虫传粉受精的,可是它与众不同。偏要在晚上才开花,开花的过程也很特别,每到晚上7~10时,花蕾渐渐地松裂,而后花瓣突然在一瞬间弹裂张开。花冠裂片边缘的丝状体也立即撒开垂下,到第二天白天,其他瓜类正在开花的时候它却凋谢了。那么,昆虫怎样替它传授花粉呢?

我们知道,自然界的昆虫是各式各样的,大多数是在白天活动。也有不少昆虫是在白天休息,晚上才出来活动的,如蛾类大部分是在晚上活动。油瓜原来是野生在南方茂密森林中的一种藤本植物。它的花大而洁白且在晚上才开花,这是长期来对环境适应的结果。现在虽已被我们引种栽培,但因引种时间还短,仍然保持了其自然的特性,到晚上才开花,由夜蛾来为它传播花粉,繁殖后代。

为什么向日葵会有秕籽

向日葵顶上那朵大花盘是由近千朵小花组成的。每朵小花结一颗籽(实际上是果实),所以在成熟后,花盘上密密麻麻的,满是灰白相间的颗粒。但是这些小颗粒中,常常会有秕籽。

原来,向日葵是一种异花授粉的作物,必须靠蜜蜂等昆虫或微风来传粉。

有时很不巧,当向日葵开花的时候,遇上阴雨连绵的天气,昆虫很少在花间出没,结果没法授粉,就不能结籽。向日葵秕籽大都是这样造成的。另外,如果播种过晚,开花很迟,由于自然条件的影响,也会因授粉不完全,子粒结得不饱满。

如果想得到好收成,就要在向日葵开花时,帮助它运输“花粉”——进行人工授粉。

向日葵花盘上的千百朵小花并不是在一天里同时开放的,是花盘边缘上的先开,跟着里面的再开,中央的最迟,所以往往中央的秕籽最多。因此,人工授粉不是一次就可以完成,要做好多次,每隔四五天做一次,一直到中央的小花开完为止。

人工授粉的方法很简单,早晨向日葵开花时,将靠近的两个花盘面对面地合在一起,轻轻擦几下,两个花盘上的花粉就互相传播了。或者你戴一只工作用的纱布手套,在每个花盘上摩擦几下,手套上沾上的花粉就能传到另一个花盘上了。或者用一种扑子来代替手套,也能得到很好的效果。

为什么茶树喜酸

我国南方的山区和半山区，土壤多数是酸性的。这里所生产的茶叶很多，如浙江的“龙井”，安徽的“祁红”、“屯绿”，福建的“铁观音”、“武夷岩茶”，云南的“滇红”，江苏的“碧螺春”等，都是驰名中外的名茶。为什么这里会出产这么多名茶呢？这除了和当地茶树生长的气候环境及制茶技术有关外，还与这一地区的酸性土壤有关。

酸性土壤之所以特别适宜于种茶，首先是因为茶树生长需要一个酸性的环境。据化学家分析，茶树根部汁液中含有较多的柠檬酸、苹果酸、草酸及琥珀酸等多种有机酸。含有这些有机酸所的汁液，对酸性的缓冲力比较大，而对碱性的缓冲力较小；也就是说，茶树碰到酸性的生长环境，它的细胞汁液不会因酸的侵入而受到破坏。这就是茶树生理上能特别适应酸性土壤的重要原因之一。

其次，再从酸性土壤本身的情况来看，它还有两个突出的性质。

酸性土壤的一个特性，是含有铝离子，酸性越强，铝离子也越多。而在中性及一般的碱性土壤中，由于铝不可能溶解，所以也就没有铝离子的存在。铝对一般植物来说，不但不是一种必要的营养元素，而且多了反而有毒害作用。酸性强的土壤对许多其他作物往往不很相宜，其原因之一，就在于铝离子过多。对茶树来说，情况就不同了。化学分析表明：健壮的茶树含铝可以高达1%左右，这说明茶树要求土壤能提供足够的铝，而酸性土壤正好能满足茶树的这一要求。

酸性土壤的另一个特性，是含钙较少。钙是植物生长的必要营养元素之一，茶树也不例外。但茶树对钙的要求数量不多，因此要求土壤中含钙也不要过多，过多就要走向反面，而一般酸性土壤含钙量恰好符合这一要求，所以它就特别适宜种茶树。

另外，茶树根部有的地方局部膨大肿胀，我们称之为“菌根”。菌根很像豆科植物的根瘤，里面有微生物——菌根菌。菌根菌和茶树之间的关系是一种彼此互相促进、互相依赖、互助互利的共生关系。菌根菌吸收土壤中的养料和水分，除满足自身的需要外，还把多余的部分转输给茶树，因而大大地改善了茶树的营养条件与水分条件。但是菌根菌自身是不能制造碳水化合物的，它所需要的碳水化合物几乎全靠茶树供给。由于茶树和菌根菌有这种共生关系，所以要使茶树生长得好，还必须使菌根菌也生长得好。而最适宜菌根菌生长的环境也正是酸性土壤具有的条件。就这样，酸性土壤既为茶树提供了适宜的生长条件，又为其共生的菌根菌营造了理想的共生环境，无怪乎它特别适宜于茶树的生长了。

为什么咖啡和茶能提神

咖啡、茶叶和可可，并称世界三大著名饮料。咖啡由茜草科植物咖啡的果实加工而成。茶叶是由山茶科植物茶的叶子加工成的。如果说咖啡含咖啡因，人们还会相信，而茶叶也含有咖啡因，那就未必人人都确信无疑了。事实上，茶叶不仅含有咖啡因，而且含量可高达5%以上，但通常为2%～3%。所以，我们泡一杯浓茶，杯内所含的咖啡因就有0.1克左右。

人的爱好各不相同，有的喜欢喝咖啡，有的习惯于饮茶，有的既喝咖啡也饮茶，因为两者都能使人提神醒脑。

为什么咖啡和茶都能提神醒脑呢？原来，它们所含的咖啡因属于一种生物碱（又名植物碱），为白色细针状结晶，在药理实验上对中枢神经系统有广泛的兴奋作用。人喝了咖啡或茶以后，首先是兴奋大脑皮层，增强大脑皮层的兴奋过程，消除疲乏感，减弱睡意，改善思维，使精神大为振奋；其次是兴奋循环中枢和运动中枢。茶叶中还含有一种叫茶碱的物质，而茶碱和咖啡因都能直接兴奋心脏，扩张冠状血管和末梢血管，并有利尿作用。

有人以为，既然咖啡和茶能提神，就应多喝。这是不对的，喝过量了就会适得其反。过量的咖啡因会使人出现失眠、心悸、头痛、耳鸣、眼花、头晕等不适症状，危害身体健康；而饮用过多的浓茶，会出现“醉茶”现象，不仅痛苦难忍，严重的还需救治。

为什么云南的烟叶特别好

我国很多地区种植烟草，但以云南的烟叶最好。在全国评出的13种名烟中，云南生产的就占了9种，如云烟、红塔山、玉溪等。即使其他省市卷烟厂生产的名烟中，多少也要加入些云南烟叶，如上海生产的“中华牌”烟中，30%是云南供应的优质烟叶。

为什么云南的烟叶特别好呢？这要从烟草的生活特性谈起。

烟草是一种喜温、喜光的植物，它生长的最适宜温度为25～28℃。不同品种有不同要求，如一般烤烟叶片，其成熟阶段的日平均温度以20～25℃为宜；晒烟、白肋烟等需平均气温在18℃，持续时间在90天以上；黄花烟草则较能耐冷凉气候。烟草一般在5月移栽，9月间收获，在这期间的日照要求为2200小时。如果日照充足而不强烈，烟叶质量就比较好。此外，水分对烟叶质量也有很大影响，在生长期间平均月降雨量为100～130毫米最适宜。

云南位于我国西南地区，分别受印度洋季风和太平洋季风的影响，属亚热带—热带高原型湿润季风气候。全省年平均气温4～24℃，大部分地区15℃左右；年平均降雨量600～2300毫米。云南省一般海拔2000米左右，山地海拔可达4000米，甚至更高。由于纬度低，短距离内地形高低悬殊，气候的垂直变化显著。那里烟农有四句话：“一山分四季，十里不同天，四季无寒暑，无灾不成年。”这充分概括了云南种植烟草的得天独厚的“立体气候”条件。烟农在温暖湿润的气候下，根据不同的烟草品种，可因地制宜地安排种植，使优良烟种在适宜的温度、光照、水分环境中得到充分发挥。而这样的种植条件，即使像河南、山东生产烟叶的省份也无法媲美。

当然，烟草生长还受土壤的限制和肥料的影响。例如，香料烟适宜种在有机质含量少、肥力不高、表土不厚而有小石块的沙性地上；烤烟以质地疏松、结构良好的土壤或沙质黏土为宜；而白肋烟则喜欢生长在含氮量较高的肥沃土壤里。

施肥也大有讲究。土壤中缺氮，则烟叶小，烤后叶薄而轻；而氮肥过量，烤后有辛辣味，呈褐绿色或近黑色，品质下降。土壤中磷肥不足时，烟草生长缓慢，叶狭长而呈暗绿色，烤后无光泽；磷肥施用过多，叶片质地粗糙，油分少且易破碎。钾肥施用适当，吸用时有香味，燃烧性好；反之，则叶片粗糙发皱，残破不全，燃烧性差。

药材篇

为什么雪莲花能开在青藏高原

在我国的西南地区，有一个被称为“世界屋脊”的地方——青藏高原。由此名可以想见它的高度了。这里林立着高大雄伟的山峦，山上终年覆盖着皑皑的白雪，永远是个银白色的世界。爬到海拔5000米以上，就会发现植物越来越少，只能看到一些生命力极顽强的地衣。虽然这里自然条件很不适宜植物生长：岩石风化，土壤质量恶劣，即使夏季也是狂风怒号。雨水也在很短的时间内变成冰冷的雪。

可是，就在这个贫瘠的地方，却意外地看到在这银白色的世界里，紫红色的雪莲花正在怒放。那巨大的花瓣格外美丽。

雪莲花为什么能在这环境恶劣的“世界屋脊”上这样顽强地生长，开放出美丽的花朵呢？

首先，雪莲把自己个子缩得矮矮的，紧贴在地面上，这样就可以顽强地躲过高山上特有的狂风摧残。它的根又柔韧又长，深深地扎进石块缝间的土壤之中，为雪莲尽可能地多吸收一些水分和养分。雪莲身上还穿着一身白色“棉衣”，那厚厚的绒毛从花茎到叶，从头到尾把雪莲包裹起来。这白色绒毛反射掉一些高山上的强烈日光，又防寒冷，又能保湿，把雪莲很好地保护起来。

雪莲能在“世界屋脊”上生长、开花，是它长期同这恶劣环境做顽强抗争，经过大自然的选择才做到的。

雪莲是一种名贵中草药。它可以帮助人们除寒痰、壮阳补血、治疗脾虚等。

为什么人参有滋补作用

我国利用人参治病，已有几千年的历史。由于人参的医疗效果显著，采挖又极其困难，所以比较珍贵。从前，人们常常用一些神话故事来传颂它。

人参对人的身体究竟有哪些作用？它含有些什么东西？近百年来，很多科学家从植物学、化学、医学等方面进行了研究。药理和临床治疗研究初步证明，适当剂量的人参对于高级神经的兴奋过程和抑制过程都有加强的作用。能够增强心脏的舒缩作用，具有强心和兴奋血管运动中枢与呼吸中枢的作用，并刺激造血器官，增加红细胞和增强白细胞的吞噬能力；具有催性腺作用和利尿作用；能增进食欲，促进新陈代谢和生长发育，提高对疾病的抵抗能力、消除精神疲劳等。可以说，人参的“滋补”作用是表现在多方面的。在临床应用上，人参对于休克等急症病人的抢救，对于治疗糖尿病、心血管病和消化系统疾病、各种精神病、不同类型的神经衰弱症等，都有一定疗效。现在，科学家又在研究人参对人类顽敌癌症的作用。

那么，人参含有的有效成分是什么呢？关于这个问题，从20世纪初，就开始有人研究。特别是近一二十年，经过世界各国科学家们的努力，已查明人参的主要有效成分是皂苷，并已分离出人参单体皂苷13种之多；此外，人参里还含有多种氨基酸，主要有精氨酸、赖氨酸、谷氨酸等15种；第三类是大量的碳水化合物，如淀粉、蔗糖、果糖和葡萄糖等；第四类是有机酸，如人参酸等；第五类是挥发油，为人参特有香气的来源；第六类是维生素，如维生素 B_1 和 B_2、烟酸、泛酸等；另外，有的研究者还发现有酶酸类和其他有机物质。从人参含有的矿物质中，还分析出大量的磷和较多的硫化合物，以及多种微量元素，如钾、钙、镁、钠、铁、铝、硅、钡、锶、锰、钛等。

人参不是万能的灵药，要使用得当，才能发挥它的作用。

现在，科学家们仍在继续进行研究，进一步揭示人参的奥秘，明确它的主要有效物质及其化学结构、性质以及各自的药理和医疗作用，以便使人参更好地为人类健康服务。

为什么人参主要产在我国东北

人参是多年生草本植物，它特别喜欢生长在茂密的森林里，但不是所有茂密森林中都能生长的。早在1000多年前，民间流传着“三桠五叶，背阳向阴，欲来求我，椴树相寻”的说法。这说明，最适于人参生长的森林是针阔叶混交林和杂木林，其中以有椴树生长的阔叶林为最好。当然，除有椴树的森林外，在有柞树和椴树的阔叶林中也有人参生长。

人参对土壤也有一定的要求，它喜欢生长在棕色森林土上，而且需要比较丰富的腐殖质。在阔叶林里，由于常年枯枝落叶的堆积和腐烂，产生了许多腐殖质，土壤结构比较疏松，因此能满足人参的需要。

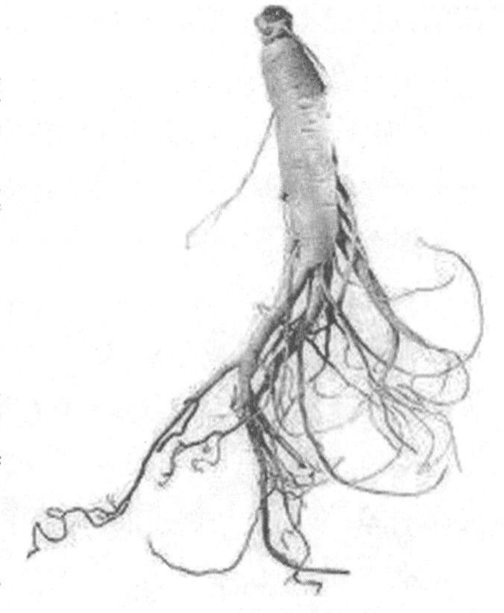

人参是喜阴植物，喜爱散射光和较弱的阳光，最怕强烈的阳光直接照射。而这种生长条件，在东北的阔叶林内最为理想。

人参也是耐寒植物，气温在15～20℃时生长发育良好，气温高于30℃，就会停止生长，温度再高便会死亡。相反，冬季它在-40℃时不会冻死，仍保持着生命力，第二年春天可继续生长。

上述各种环境条件，只有我国东北

林区才具备。特别是长白山区，地处海拔450～1200米的针阔叶混交林带。那里冬季寒冷，1月平均气温在-17℃，最热的7月平均气温才22℃，而且土壤为棕色森林土。森林内的阔叶树有椴、柞、桦、杨等，透光度适中。这些都是人参生长的理想环境条件。而我国其他省区的各种森林中，都不具备适于人参生长的环境条件。因此，人参主要产在我国东北也就可以理解了。

为什么说白术是一味好药材

白术是我国浙江省的特产，产于临安县於（于）潜地区称“於（于）术”。现在市场上投售的多数是人工培植的一两年生白术。野生白术则价值昂贵，很少见到。

白术是多年生草本植物，属于菊科。秋季开花，花冠紫色，结果，上端有一轮羽状冠毛。它的根茎肥厚，好像拳头，作为药材，以天目山一带出产的最为珍贵。

白术性温，味甘苦，含有挥发油，气味芳香，有健脾益气、利水化湿的功能。用于健脾胃的，切片用米炒；补虚痨，用面炒；止泻则用乳炒。也可切片浸酒或用开水冲泡代茶饮用，作为补剂。

据现代研究表明，白术还能促进胃肠分泌，有明显而持久的利尿作用，能降低血糖，保护肝脏。经动物试验证明，常服白术有增加体重和增强肌肉张力的功效。

为什么说枸杞浑身是宝

枸杞子其实就是茄科植物枸杞的果实。我国各地，如内蒙古、青海、陕西、河北、广东等都有野生枸杞分布。人工栽培的尤以甘肃、宁夏产的最为著名。

枸杞是一种落叶小灌木，茎丛生，侧生的短枝常变为短刺，生于叶腋，长1~2厘米。卵状的叶互生或簇生在短枝上。夏天，枸杞开出淡紫色的花朵，秋天便结出卵圆形的浆果来。

人们常说的枸杞子就是枸杞的浆果。浆果成熟后必须及时采摘，除去果柄，放于阴凉处至果皮起皱，再置于阳光下暴晒到外果皮干硬、果实柔软。

中医药学认为枸杞子味甘、性平、归肝、肾经，能起到滋肾、润肺、补肝、明目的作用，故可治肝肾阴亏、腰膝酸软、头昏、目眩、目昏多泪、虚劳咳嗽、消渴、遗精等症。

经化验，枸杞子含有许多营养物质，除了含有大约1%的甜菜碱外，还含有玉蜀黍黄素、胡萝卜素、硫胺、核黄素、药酸、抗坏血酸、钙、磷、铁等，因此常服有益于健身。

时至今日，人们发现枸杞子之所以能起到延缓衰老的作用，是因为枸杞能提高肝、脑等器官中超氧歧化酶的活性，延缓了机体的衰老速度。

科学家认为，枸杞子的药用价值还在于它含有丰富的锗，而锗则能增强淋巴细胞的活力，阻止由于致癌因子引起的细胞突变，增强机体杀死癌细胞的能力。此外，锗还具有很高的氧化能力，它能夺取癌细胞中的氢离子，置癌细胞于死地。

科学家在实验中发现，让正在服用强烈致癌物质黄曲霉素B_1的动物同时服用有机锗，这些动物的病变程度会大为减轻。

一位日本科学家曾人工培养人的子宫癌细胞，结果他发现有800种中草药具有抑制癌细胞生长的作用，其中枸杞子、枸杞叶和枸杞根的抑癌能力高达90%以上。

为什么何首乌能延年益寿

相传，在我国古代，有一个叫何田儿的人，年过半百仍无生育。夫妻俩为此终日闷闷不乐。一日，何田儿喝醉酒，躺在野地里睡着了。睡梦中他见到一种从未见过的植物。它长着粗大的块根，叶子卵形，叶腋中还长出白色的花序。一位慈眉善目的老人前来对他说："将根服下，管保你生一个大胖儿子。"何田儿醒来一看，身边正好长有一棵这样的植物，于是便掘出了根，捣碎了和着烧酒一起服了下去。

说来也怪，自从何田儿服下了这种药以后，多年未治好的痼疾霍然而愈，白头发转轻了，脸色也红润了。一年以后，妻子果然生下了一个儿子。

何田儿给儿子取了个名字叫延寿，并让他从小服用这种块根。服用以后，父子俩都活到了160岁。

后来，延寿的儿子首乌也服用此药，活到100多岁。为了纪念父辈的发现，首乌便把这种植物称作何首乌。

传说毕竟是传说，但何首乌具有药用价值却是毋庸置疑的。

何首乌又名夜交藤、紫乌藤和地精，属蓼科，是多年生缠绕藤本植物。它的块根膨大，表皮呈紫黑色，横切面为紫红色。叶子的基部长有蓼科植物常有的托叶鞘。

何首乌常野生于草坡、路边、灌木丛中，山西、陕西、甘肃、河南、湖北、湖南、四川、云南、贵州、江苏、浙江、安徽等地均有栽培。人工栽培的何首乌三四年以后，即可挖掘块根。春季或秋季，将采挖来的块根洗净后切去两头。大的可对半剖开，或切成厚片晒干、烘干或煮后晒干，供药用。有时，还可将块根制粉或酿酒。

中医认为，何首乌味苦、甘、涩，性微温，可主治肝肾阴、亏，发须早白，血虚头晕，腰膝软弱。其主要化学成分有卵磷脂及蒽醌衍生物，如大黄酚、大黄素、大黄酸、大黄素甲醚、洋地黄蒽醌和食用大黄甙等。

近年来，人们发现何首乌的嫩叶也能做菜吃。春天，将嫩叶采来，经开

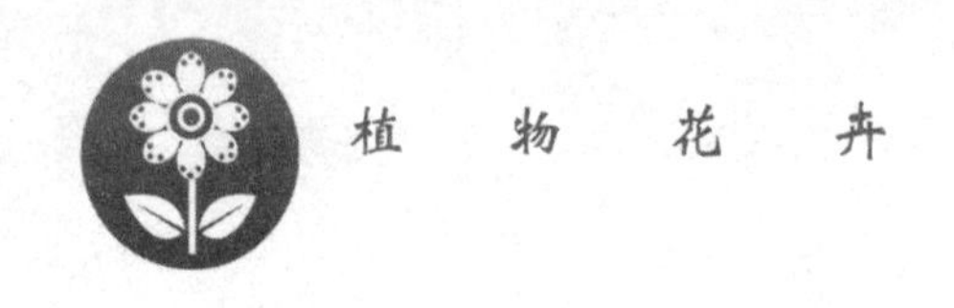

水烫过，炒食后味道十分别致。经化验，每100克何首乌嫩叶竟含有7.3毫克胡萝卜素和131毫克维生素C。

为什么藏红花非常名贵

藏红花是鸢尾科的多年生草本植物。它的叶子纤细碧绿，像松针，地上没有茎，茎“藏”在地下，样子活像个独头蒜。秋天，茎上长出叶片；11月，就会开出一种淡黄色的小花，花有6片花瓣。雌蕊长得奇特，深红色，柱头呈三叉状，像只小角。

藏红花非常名贵。在中药里，它是一味能活血通经、养血祛淤、消肿止痛的特效名药。但它的名贵更因为它来之不易。

藏红花的小小柱头才是药用的红花，所以产量非常低。一棵苗一般开1～10朵花，那么10万朵花的花柱才能产1千克商品。按理想的数字计算，每棵苗都开10朵花，1万棵苗才能得到1千克花。如此稀少，自然就贵上加贵了。

藏红花的柱里都含有类胡萝卜素、藏红花素、顺藏红花酸二甲酯等有效成分。一根红柱头放在一杯清水里，满杯水都会变成漂亮的红色。

因为藏红花名字太响亮了，人们一直以为藏红花产自西藏。其实不然，藏红花产在遥远的南欧和西亚。很早以前，藏红花通过陆路来到中国，风尘仆仆经过西班牙、希腊、伊朗、印度，再通过喜马拉雅山脉进入西藏，然后由西藏转销到内地广大地区。内地人只知此花来自西藏，所以就把红花前加上一个藏字。

近年来，我国已从欧洲成功地引种了藏红花。不久的将来，我们将在市场上见到藏红花。

为什么说当归是妇科良药

当归别名秦归、云归、西当归、岷当归。多年生草本。茎带紫色，基生叶及茎下部叶卵形，花白色。双悬果椭圆形，侧棱有翅，花果期7～9月。生于高寒多雨山区，主产甘肃、云南、四川。

全当归根略呈圆柱形，根上端称“归头”，主根称“归身”或“寸身”。支根称“归尾”或“归腿”，全体称“全归”。含挥发油，油中主要成分为藁本内脂、正丁烯、内酯、当归酮等；并含阿魏酸、烟酸、蔗糖、多糖，多种氨基酸，维生素B_{12}、E，以及锰、锌、铜、镍等微量元素。

全当归补血活血，当归身补血，当归尾活血。当归尤以甘肃定西市的岷县（位于兰州南方偏东）当归品质最佳，有“中国当归之乡”之称。

当归具有抗缺氧作用；调节肌体免疫功能，具有抗癌作用；护肤美容作用；补血活血作用；抑菌、抗动脉硬化作用。补血活血，调经止痛，润肠通便。用于治疗血虚萎黄、眩晕心悸、月经不调、经闭痛经、虚寒腹痛、肠燥便秘、风湿痹痛、跌扑损伤、痈疽疮疡，中风不省人事、口吐白沫、产后风瘫等症状。

为什么说蒲公英是良药

蒲公英别名蒲公草、食用蒲公英、尿床草、西洋蒲公英、凫公英、耩褥草、地丁、金簪草、孛孛丁菜、黄花苗等。

多年生草本植物，高10～25厘米，含白色乳汁。根深长，单一或分枝，外皮黄棕色。生于路旁、田野、山坡，产于全国各地。整株植物匍匐于地上，叶如荠菜，只是稍大，无挺立茎，花从植株中心冒出。

蒲公英花期3～8月，使用部位花、叶、茎、根，多分布于北半球。我国的东北、华北、华东、华中、西北、西南各地均有分布，生于道旁、荒地、庭院等处。

蒲公英具有丰富的维生素A和C及矿物质，对消化不良、便秘都有改善的作用。另外，叶子还有改善湿疹、舒缓皮肤炎、关节不适的净血功效，根则具有消炎作用。可以治疗胆结石、风湿，不过在没有专业医师指导下还是不要擅自使用为佳。花朵煎成药汁可以去除雀斑，可说是非常有用的一种香药草。新鲜蒲公英要选择叶片干净、略带香气者，干燥蒲公英则选颜色灰绿、无杂质、干燥者。

蒲公英可生吃、炒食、做汤、炝拌，风味独特。

现代医学研究表明，蒲公英植物体中含特有的蒲公英醇、蒲公英素以及胆碱、有机酸、菊糖、葡萄糖、维生素、胡萝卜素等多种健康营养的活性成分，同时含有丰富的微量元素，其钙的含量为番石榴的2.2倍、刺梨的3.2倍，铁的含量为刺梨的4倍，更重要的是其中富含很强生理活性的硒元素。因此，蒲公英具有十分重要的营养学价值。国家卫生部新近将蒲公英列入了药食两用的品种。

近几年日本也十分重视开发蒲公英，而且颇有成效。目前日本市场上流行的一种功能性饮料，就是用蒲公英作原料制成的。日本还用蒲公英制成酱汤、花酒等系列保健食品，将蒲公英直接作蔬菜食用亦十分盛行。

为什么三七又叫"金不换"

三七别名开化三七、人参三七、田七、金不换、盘龙七。多年生草本，高达60厘米，根茎短，茎直立，光滑无毛。掌状复叶，具长柄，3~4片轮生于茎顶；小叶3~7片，椭圆形或长圆状倒卵形，边缘有细锯齿。伞形花序顶生，花序梗从茎顶中央抽出，长20~30厘米。花小，黄绿色，花萼5裂，花瓣、雄蕊皆为5片。核果浆果状，近肾形，熟时红色。种子1~3颗，扁球形。花期6~8月，果期8~10月。入药以身干，个大，体重，质坚，表皮光滑，断面灰绿色或灰黑色者为佳。生于山坡丛林下，现多栽培于海拔800～1000米的山脚斜坡或土丘缓坡上。

产于云南、广西、贵州、四川等省，其中以云南文山州和广西靖西县、那坡县所产的三七质量较好，为地道药材。

三七具有散瘀止血、消肿定痛之功效。主治咳血、吐血、衄血、便血、崩漏、外伤出血、胸腹刺痛、跌仆肿痛。《本草纲目》云："三七止血，散血，定痛。"《玉楸药解》云："三七和营止血，通脉行瘀，行瘀血而敛新血。"

为什么说天麻是名贵中药

天麻别名赤箭芝、独摇芝、离母、合离草、神草、鬼督邮、木浦、明天麻、定风草、白龙皮。多年生共生植物。块茎横生，椭圆形或卵圆形，肉质。有均匀的环节，节上有膜质鳞叶。茎单一，直立，圆柱形，高30～150厘米，黄褐色，叶鳞片状，膜质，互生，下部鞘状抱茎。总状花序顶生，长5～30厘米；苞片膜质，披针形，长约1厘米；花淡绿黄色或橙红色，萼片与花瓣合生成壶状，口部偏斜，顶端5裂；唇瓣白色，先端3裂；合蕊柱长5～6毫米，子房下位，倒卵形，子房柄扭转，柱头3裂。蒴果长圆形或倒卵形，长1.2～1.8厘米。种子多而极小，成粉末状。花期6～7月，果期7～8月。

天麻生于腐殖质较多而湿润的林下，向阳灌丛及草坡亦有。分布于全国大部分地区，现多栽培，主产于安徽大别山、陕西秦巴山区、四川、云南的天麻、贵州，产量大、品质好。

天麻是一味常用而较名贵的中药，临床多用于头痛眩晕、肢体麻木、小儿惊风、癫痫、抽搐、破伤风等症。由于天麻对肝阳上亢引起的头痛、眩晕等效果显著，故常被人当成"补药"服用。

为什么说益母草是妇科好药材

益母草别称益母蒿、益母艾、红花艾、坤草。益母草为唇形科植物益母草的全草。一年或二年生草本，夏季开花。生于山野荒地、田埂、草地等。全国大部分地区均有分布。

鲜益母草：幼苗期无茎，基生叶圆心形，边缘5～9浅裂，每裂片有2～3钝齿。花前期茎呈方柱形，上部多分枝，四面凹下成纵沟，长30～60厘米，直径0.2～0.5厘米；表面青绿色；质鲜嫩，断面中部有髓。叶交互对生，有柄；叶片青绿色，质鲜嫩，揉之有汁；下部茎生叶掌状3裂，上部叶羽状深裂或浅裂成3片，裂片全缘或具少数锯齿。气微，味微苦。

干益母草：茎表面灰绿色或黄绿色；体轻，质韧，断面中部有髓。叶片灰绿色，多皱缩、破碎，易脱落。轮伞花序腋生，小花淡紫色，花萼筒状，花冠二唇形。切段者长约2厘米。

在夏季生长茂盛花未全开时采摘。益母草含有多种微量元素。硒具有增强免疫细胞活力、缓和动脉粥样硬化的发生以及提高肌体防御疾病功能体系的作用；锰能抗氧化、防衰老、抗疲劳及抑制癌细胞的增生。所以，益母草能美容养颜，抗衰防老。

益母草嫩茎叶含有蛋白质、碳水化合物等多种营养成分。性味苦辛凉，具有活血、祛瘀、调经、消水的功效。治月经不调、浮肿下水、尿血、泻血、痢疾、痔疾。治疗妇女月经不调，胎漏难产，胞衣不下，产后血晕，瘀血腹痛，崩中漏下，尿血、泻血，痈肿疮疡。